西安石油大学优秀学术著作出版基金资助

辉绿岩侵入作用对碎屑岩围岩储层性质的影响机理

刘超 谢庆宾 著

U0255176

中国石化出版社

图书在版编目（CIP）数据

辉绿岩侵入作用对碎屑岩围岩储层性质的影响机理 /
刘超，谢庆宾著 . —北京：中国石化出版社，2020.4
ISBN 978-7-5114-5759-2

Ⅰ . ①辉… Ⅱ . ①刘… ②谢… Ⅲ . ①辉绿岩-岩石
侵入体-影响-碎屑岩-储集层-研究 Ⅳ . ①P618.130.2

中国版本图书馆 CIP 数据核字（2020）第 053184 号

中国石化出版社出版发行

地址:北京市东城区安定门外大街 58 号
邮编:100011 电话:(010)57512500
发行部电话:(010)57512575
http://www.sinopec-press.com
E-mail:press@sinopec.com
北京柏力行彩印有限公司印刷
全国各地新华书店经销

＊

710×1000 毫米 16 开本 8.75 印张 154 千字
2020 年 4 月第 1 版 2020 年 4 月第 1 次印刷
定价:52.00 元

前　言

近年来，随着石油工业的发展和勘探技术的提高，国内外许多含油气盆地都先后在生油岩或含油地层中发现了火山岩和侵入岩。例如我国东部的松辽盆地、三江盆地、鸡西盆地、渤海湾盆地、二连盆地、苏北盆地和三水盆地中发育有大量的火山岩和次火山岩，在巴西、澳大利亚、美国等国家的沉积盆地中也都先后发现了众多岩浆岩油气藏。"十五"期间，松辽盆地徐家围子断陷火成岩储层中探明了 $1000 \times 10^8 \mathrm{m}^3$ 天然气储量，发现了中国陆上东部地区第一个储量规模超千亿立方米的庆深气田，成为中国陆上第五大气田，这是中国近年来火成岩勘探中取得的重大发现。

中国火成岩油藏的勘探，大体经历了"偶然发现""初期探索""目标勘探"和"立体勘探"四个勘探阶段。20世纪80年代之前的早期偶然发现阶段，火成岩油藏或油层的发现，只是勘探过程中的偶然事件，是在勘探其他类型油气藏时的意外收获；80年代，针对火成岩的初期探索阶段，虽然勘探上有一定的投入，但由于火成岩油藏的复杂，勘探成功率较低；至90年代目标勘探阶段，火成岩油藏有利储层和富集规律研究及多技术联合攻关是这一阶段的主要特点，火成岩勘探再度达到高潮，储量有较大上升；进入21世纪以来，以火成岩油藏为主导的多圈闭类型立体勘探正在成为当今火成岩油藏勘探的主要特点。

目前火成岩研究方面，对火成岩石油地质规律的研究已经取得了一些进展。这些进展显示出深源成因的火成岩与陆源碎屑岩及内源成因的碳酸盐岩在成岩机理、成矿机理和对沉积盆地成藏动力学体系的影响方面具有很大差别。而岩浆活动引起的热流体对砂岩成岩作用的影响研究涉及岩浆作用、变质作用、与此同时，成岩作用以及流体-岩石相互作用等多学科、多领域的系统工程。上述科学问题是目前盆地流体与成岩作用研究面临的新问题。该科学问题的出现与近年来在含油气盆地中不断发现的火山岩与侵入岩密切相关。

在研究方面，主要是针对侵入岩以及变质带展开研究，从分布范围、厚度、孔隙条件、裂隙的发育情况等方面开展研究，对于孔隙和裂隙的研

1

究主要依赖于钻井取心和分析数据，对于岩浆岩分布范围和厚度的研究依赖于钻井和地震资料研究。胜利油田针对侵入岩的平面分布进行了划相，其划分相的依据主要是侵入岩的厚度，将侵入岩划分为中心相和边缘相。蚀变带、边缘带和中心带在测井资料上表现明显、容易划分，利用成像测井可以确定侵入岩裂隙发育情况。对侵入岩孔隙和裂隙分布情况的预测依赖于裂隙和断裂的关系以及裂隙与地应力的关系。在侵入岩及其蚀变带成藏方面，主要成藏大部分发生在成熟生油岩内、部分在油气十分丰富的层系内，在其他区域的侵入岩中很少发现成藏者，就是在成熟生油岩内也不是所有的侵入岩及其蚀变带都能够成藏。因此，侵入岩成藏总体的概率较低，在同一个区域，在砂岩和侵入岩均有分布的情况下，往往砂岩成藏而侵入岩没有成藏。据文献调研和实地考察，在侵入岩对成藏的影响方面未见深入研究，仅做了部分推测。

侵入岩油气藏具有典型隐蔽油藏的特征，同时具有一定的成藏潜能，是老油区隐蔽油气藏勘探的重要目标之一，特别是侵入岩对油气成藏的影响不可小视，同时，和侵入岩有关的热接触变质岩油气藏也有较大的勘探潜力，近年来的勘探实践也显示出良好的勘探前景。

与沉积岩相比较，侵入岩及其变质接触带无论在成分、结构、构造方面，还是成因、演化方面，均存在很大差异。侵入岩对油气的生成、运移，储层孔隙的发育、圈闭形成及成藏都起着重要作用，同时侵入岩对地震资料的采集、处理和解释过程也产生很大影响。从目前已钻探井分析，侵入岩和成藏关系密切，同时其本身具备成藏的可能，但研究区侵入岩对储集成藏条件的影响因素、热变质作用机理及其对围岩的影响、侵入岩成藏条件及成藏机制是目前勘探遇到的难题。因此，展开对侵入岩的分布、成因以及对围岩影响的研究有其重要性和紧迫性，同时加强侵入岩的研究对发现新的勘探领域，寻找新的储量增长点有着重要的意义。

近十几年来，随着盆地动力学研究的不断深入，含油气盆地中的热流体活动引起了石油地质学家的极大关注。含油气盆地中热流体主要是岩浆活动的产物。岩浆活动不仅可以造成围岩较为强烈的变质和变形，而且将带来大量的热量，并伴随异常高的地温梯度，它们对油气的生成、运移、聚集以及油气藏的形成与保存都有明显影响。岩浆活动引起热流体的纵向和横向运移，使砂岩成岩现象的空间分布复杂化，进而引起储层非均质性的复杂化。中国东部含油气盆地中发育大量的火山岩或浅层侵入岩，岩浆侵入时，会对上覆或下伏砂岩储层的后期成岩改造产生影响。因此，探讨岩浆活动引起的热流体对砂岩成岩作用的影响，查明岩浆活动对含油气盆地储集砂岩的改造及其对成岩作用的贡献是储层评价和预测的重要方面。

另外，侵入岩作为岩浆岩的一类，勘探上也有较大突破，比较著名的有辽河盆地东部凹陷欧利坨子油田，以粗面质火山—侵入岩为主要储层，日产达 200t；渤海湾盆地临邑凹陷商 741 辉绿岩油气藏、沾化凹陷罗 151 块辉绿岩油气藏、车镇凹陷义北油田中生代煌斑岩油藏等均获得高产油流。传统的储层研究主要考虑储层质量随埋深和成岩作用强度的增加而变差的一般性规律。但是，越来越多的实例研究表明，岩浆侵入作用也是造成储层非均质性的重要原因之一。

综上所述，岩浆侵入活动影响或改造围岩，从而形成岩浆岩及接触变质岩油气储层。受岩浆侵入活动影响的变质围岩储层逐渐成为我国东部油气勘探新的储量增长点。深入探讨岩浆侵入对沉积围岩的影响机理具有重要意义。

本书以苏北盆地高邮凹陷的油田实例和松辽盆地南部的团山子采石场露头实例来探讨辉绿岩侵入对围岩储层的影响作用。基于高邮凹陷北斜坡地区阜宁组岩心、地震及测井等资料，研究了该地区辉绿岩及其接触变质围岩的储集空间和储层物性特征，并探讨了储层成岩作用。对于团山子采石场露头，在连续密集取样的基础上，分析了距辉绿岩侵入体不同距离围岩的成岩与变质特征，以及变质围岩作为储层的孔、渗特征。在上述两个地区研究的基础上，讨论了变质围岩储层发育的主控因素，并建立了研究区变质围岩的储层发育模式。

对高邮凹陷北斜坡地区阜宁组样品研究表明，辉绿岩顺层侵入后，泥岩围岩由非渗透烃源岩转变为油气储层(包括中级变质程度的角岩和低级变质程度的板岩)，其储集空间包括侵入和变质过程中形成的各类(微)裂缝和微孔，其中以(微)裂缝为主；而辉绿岩顺层侵入后，砂岩围岩被改造成变质砂岩，其孔隙类型与正常砂岩围岩相似，主要包括原生粒间孔、粒间(粒内)溶蚀孔、铸模孔、超大孔及溶蚀微孔等，裂缝不发育。受辉绿岩侵入影响的侵入岩—变质围岩成岩阶段可划分为固结成岩、热液作用、广泛溶蚀及埋藏成岩阶段，其成岩控制作用包括结晶与变质结晶作用、交代蚀变作用、充填作用、溶蚀作用及构造破裂作用。

对团山子采石场辉绿岩侵入露头研究表明，岩浆顺层侵入后，泥岩全部变质为角岩，其矿物成分和(显微)构造特征主要表现为：① 自生绢云母距侵入体越远，其含量越少；②黏土矿物距离侵入体越远，其含量越高，并且主要为成岩晚期的伊利石和绿泥石；③发育特殊"气孔—杏仁"构造；④发育填充方解石脉的微裂缝。辉绿岩侵入对上覆砂岩影响表现为：①造成自生石英的特征分布；②造成黏土矿物的不均匀分布；③形成反映应力挤压特征的颗粒结构。

接触变质泥岩储层的形成主要受控于辉绿岩侵入，其影响作用包括变质固结、热液破裂、冷凝收缩及溶蚀作用，其中溶蚀作用具有关键性作用。相比高邮凹陷北斜坡阜宁组变质泥岩具有较好的孔、渗性能，团山子采石场露头角岩几乎不具备渗透能力。团山子露头角岩中浊沸石发育而高岭石不发育，反映了碱性环境，该环境不利于热液微裂缝中碳酸盐矿物的溶蚀，因此尽管角岩发育微孔、微缝等少量储集空间，但渗透能力很低。相反，高邮凹陷北斜坡地区阜宁组由于有机质向油气转化形成酸性环境，造成微裂缝中填充的碳酸盐脉广泛溶蚀，因此变质泥岩具有较好孔、渗性能。除岩浆侵入前的沉积、成岩作用控制外，后期辉绿岩侵入对变质砂岩围岩储层具有重要控制作用，其控制作用主要包括物理挤压、溶蚀和胶结作用。尽管溶蚀作用一定程度上改善了变质砂岩的储集性能，但不足以抵消物理挤压和胶结作用造成的孔隙空间减少。因此整体上辉绿岩侵入降低了砂岩围岩的储集性能。在此基础上建立了研究实例地区的变质围岩储层发育模式，该模式揭示了辉绿岩顺层侵入条件下的上部变质围岩储层发育特征：变质泥岩储集物性随着与侵入体距离变远，变质程度降低，并且热液破裂和挤压应力作用减弱，从而造成储集物性逐渐变差；而变质砂岩储集物性与距侵入体距离呈抛物线关系，即与辉绿岩侵入体紧密接触处，由于物理挤压和石英微晶填充导致储集物性变差，而在与辉绿岩侵入体一定距离处，由于热液流体溶蚀作用使得储集物性得到改善，在远离侵入体处，则由于热液流动所携带的物质发生沉淀形成胶结物而使得储集物性变差。

本书主要在如下几方面取得了原创性认识。

（1）提出了受辉绿岩侵入影响的变质泥岩储层形成机理，建立了研究实例地区变质泥岩储层发育模式。

（2）提出了辉绿岩侵入对砂岩围岩储层影响的主控因素，建立了研究实例地区变质砂岩储层发育模式。

（3）厘定了露头研究区（团山子采石场露头）变质围岩对辉绿岩侵入的岩石学和宏观、微观构造响应特征。

本书内容主要由近五年的科研成果组成。全书共分为5章，第1章和

第 5 章由刘超、谢庆宾共同执笔，其余章节由刘超执笔完成。全书由刘超统稿完成。

本书由"西安石油大学优秀学术著作出版基金"资助出版并获得西安石油大学有关领导、教授的支持与帮助，在此表示衷心的感谢。同时向提供资料的向江苏油田分公司地质科学研究院的相关领导及职工表示衷心感谢。本书的顺利出版还得益于自然资源部沉积盆地与油气资源国家重点实验室开放基金(编号：cdcgs2018004)、陕西省自然科学基金(编号：2019JQ-234)资助。

由于笔者水平有限，书中缺点和错误在所难免，敬请各位同行、专家批评和指正！

目　录

第1章

绪 论

近年油气勘探表明，岩浆侵入活动能够形成多种类型的油气储层。中国东部断陷盆地含油气层位中广泛发育以中基性为主的火成岩，并且在这些层位中发现了众多具有工业价值的火成岩及变质岩油气藏，受岩浆侵入活动影响的碎屑岩围岩储层已经成为我国东部油气勘探不容忽视的储量增长点。前人研究侧重于岩浆活动对有机质生烃的促进作用、对油气运移和圈闭形成的影响以及对油气藏的调整或破坏作用。而岩浆活动影响储层的研究则较为薄弱，并且存在较大争议，较多科学问题尚待深入研究。传统的观念认为，岩浆侵入加速了成岩作用的进程，使储集条件变差，油气勘探应避开这些地区。但我国油气勘探实践表明，在渤海湾盆地、松辽盆地等油气发育部位岩浆侵入的围岩变质带中发现了油气藏，但处于同一层位的没有受侵入岩改造的储层却不含油气，这显然受侵入岩改造的围岩储层储集条件发生了改善。那么，岩浆侵入与沉积围岩如何相互作用，对围岩储层产生了什么样的影响，是改善了储层还是破坏了储层？其核心的科学问题就是岩浆侵入对围岩储层的影响机理。

本书主要以受辉绿岩侵入影响的油田和露头（苏北盆地高邮凹陷的油田实例和松辽盆地南部团山子采石场野外露头实例）为研究实例，对上述科学问题进行了探索。主要研究目的是以辉绿岩侵入体及其接触变质围岩为研究对象，来探索岩浆侵入对砂岩围岩储层的影响因素与机理和受控于岩浆侵入的变质泥岩储层形成机制，建立相应的储层发育模式。本次研究的意义在于以下两点。

（1）从理论上讲，研究岩浆侵入作用对围岩储层的影响机理，其中一个关键点是研究在热作用和热液条件下的围岩成岩作用，这丰富了成岩作用的研究，为研究"接触成岩作用"提供了新的研究实例，同时为接触变质岩储层的认识和评价提供了理论依据。

（2）从油气勘探实践来讲，国内外许多含油气盆地都先后在生油岩或含油地层中发现了火山岩和侵入岩，并且受岩浆侵入活动影响的碎屑岩围岩储层已经逐渐成为一类重要的"非常规油气"。深入研究岩浆侵入对这类油气藏的影响机理，对扩展油气勘探领域具有重要现实意义。

1.1 国内外研究进展与展望

岩浆活动在世界范围内各大含油气盆地中广泛可见。岩浆侵入到沉积盆地上部层位后,岩浆中逸出的挥发分及液态溶液在热动力作用下进入围岩发生水岩反应,从而使得围岩变质,同时高温烘烤也使得对温度敏感的围岩(如泥岩)发生变质,此外岩浆侵入的挤压作用使得围岩发生变形,因此沉积围岩必然受到岩浆侵入体的影响或改造。在含油气盆地中,传统观念认为岩浆热液作用加速围岩成岩作用进程,使储集条件变差或是破坏储层,油气勘探应避开这些地区。但近年油气勘探表明,岩浆侵入活动能够形成多种不同类型的油气储层。中国东部含油气盆地中发育大量的火山岩或浅层侵入岩,越来越多的岩浆岩及其变质围岩油藏被发现,如渤海湾盆地兴隆台古潜山古生代变质岩储层和侏罗系火山岩储层,渤海湾盆地济阳凹陷罗151井区侵入岩储层,惠明洼陷变质岩及火山岩储层,冀中洼陷的板岩储层,苏北盆地高邮凹陷变质岩储层等,尤其在我国渤海湾盆地,受岩浆侵入活动影响的碎屑岩围岩储层已经成为油气勘探中不容忽视的储量增长点。因此深入探讨和认识此类储层的成因和发育机理,对扩大油气勘探领域具有重要意义。

研究表明,在含油气盆地内,岩浆活动不仅可以造成围岩较为强烈的变质和变形,而且将带来大量的高温热液,并伴随异常高的地温梯度,它们对油气的生成、运移、聚集以及油气藏的形成与保存都有明显影响。前人研究主要侧重于岩浆活动对烃源岩的影响机理研究,并普遍认为岩浆侵入加速有机质向油气转化,对生油有积极影响,但对于侵入体影响围岩油气储层的机理研究则相对较少,这主要是因为:首先,各沉积盆地中受岩浆侵入影响的碎屑岩围岩储层相对较少,且分布范围较为局限,加之围岩受到岩浆活动带来的高温高压热液影响而发生强烈变形和变质作用,其研究手段与沉积岩差别极大,整体上国内外研究较少;其次,围岩储层发育特征受岩浆侵入体特征(产状、性质及规模)、侵入时围岩成岩阶段、侵入前围岩特征、距侵入体远近等多种因素综合控制,使得其储层特征研究更加复杂。因此，岩浆侵入对围岩的影响机理还没有形成较为系统的研究理论与方法。

对于受岩浆侵入活动影响的碎屑岩围岩，国外学者主要从围岩的岩石学特征、成岩作用方面进行了研究：Jaeger 早在 1957 年和 1959 年通过模型模拟计算了不同厚度侵入体从中心到外接触带的降温过程，为后来研究岩浆侵入围岩中的水岩反应奠定了基础；Brauckmann 等（1983）对格陵兰 Nugssuad 石炭系距玄武岩接触带不同距离的砂岩和泥岩矿物组合特征进行了分析，研究了矿物组分的变化规律，并推测孔隙水的热对流和热传递是造成这种规律分布的重要原因；Ros（1998）进一步认为岩浆活动引起热流体的纵向和横向运移，使砂岩成岩现象的空间分布复杂化，进而引起储层非均质性的复杂化；Mckinley（2001）分析了薄层侵入体（小于 2m）影响下的围岩自生矿物组合特征，探讨了自生矿物随温度增高的反应机理，并提出了"接触成岩"（contact diagenesis）的概念；Girard（1989）对西非 Taoudeni 盆地上元古代硅质碎屑岩受辉绿岩侵入的"异常高温"成岩作用也有类似研究。

从碎屑岩围岩储集性能的角度，岩浆侵入对碎屑岩围岩的影响因素及其作用机理可总结为如下几方面。

1.1.1　挤压变形作用

在岩浆向浅层运动的过程中，由于热流体释放膨胀和机械贯入作用产生的初始异常高压，对围岩产生挤压冲击作用，其结果是引发围岩发生塑性形变或是脆性破裂，形成次生裂缝或是碎屑颗粒发生破裂及产生压溶作用。

（1）岩浆侵入导致围岩发生塑性形变或破裂。

岩浆侵入首先改变围岩物理形态，对围岩地层产生挤压作用，从宏观上使得塑性围岩发生挤压变形或脆性地层发生破裂，或者两者同时发育。苏北盆地高邮凹陷北斜坡带，在码头庄构造部位，辉绿岩侵位后呈顶厚翼薄的岩床形态，使上覆围岩产生挤压变形，形成背斜构造，成为有利的油气圈闭；而在中东部地区阜三段，辉绿岩浅成侵入机械贯入作用强、同化混染弱、接触变质带窄且厚度较小（依据变质作用出现的范围分为两种接触变质带：由岩浆侵入体内部的变质作用形成的为内接触变质带，由围岩中的变质作用形成的为外接触变质带。此处所提及的接触变质带主要指外接触变质带），在辉绿岩附近的细砂—粉砂围岩中易产生诸多构造裂缝。这些裂缝被后期充填形成方解石脉，脉体不规则，呈细脉状、网脉状在围岩中分布，脉体与围岩界限清楚，反映了原始裂缝的形态和形成时的环境。而距离侵入体越远，方解石脉越不明显，说明了原始裂缝的岩浆活动成因及岩浆活动的影响范围。在三江盆地滨参 1 井钻遇的东荣组地层也有类似构造特征。安山玢岩侵入体上部砂岩中，发育非构造成因的脆性裂缝，裂缝呈锯齿状、楔状、网状，并被填充形成方解石脉和白云母脉，这些裂缝仅见于与侵入体紧邻接触砂岩中，远离侵入体的砂岩中则不发育类似裂缝，并且砂岩中自生绢云母常量元素成分接近岩脉中的白云母，这说明岩浆侵入不仅使围岩产生裂缝，并且这些裂缝还是后期岩浆热液的通道，即岩浆热液首先填充裂缝，进而进入围岩孔隙发生流体-围岩反应。

此外，岩浆侵入活动也能导致泥岩变质并产生裂缝。岩浆在侵入和冷凝过程中要释放大量高矿化度流体（如 H_2O 和 CO_2 等），同时高温对泥岩的烘烤使其变质发生脱水和脱碳作用，根据前人的研究结果，平均每千克泥岩可以释放近 2mol 的流体。这些瞬间生成的 C—H—O 热液产生异常高压，必然要快速向围岩中排泄，由于泥岩在高温的烘烤下变得性脆，热液压力突破岩石骨架的破裂极限后，产生张性裂缝，流体释放到压力较低的地层。久而久之，形成了大量热液成因的微裂缝。刘超等（2015）研究了苏北盆地高邮凹陷北斜坡辉绿岩侵入阜宁组泥岩围岩，发现变质泥岩围岩中广泛发育裂缝，并且越靠近侵入体，裂缝越发育；远离侵入体则裂缝变少。根据岩心观察，裂缝主要发育距离侵入体边界一定范围内，且岩石被烘烤得非常脆，岩心破碎严重。不同岩性的变质带中裂缝发育程度不同，在角岩中裂缝最发育，而板岩中少见此类裂缝。分析认为这类裂缝主要是岩浆热液成因，原因在于：首先，所观察的裂缝呈弯曲状、分支状、交叉状发育展布，并且分布范围局限于紧邻侵入体附近的角岩带，与岩浆热液侵入特征相符合。而矿物结晶缝则仅在纳米尺度可见；构造裂缝通常形态较规则，呈区域分布，裂缝延伸远；泥岩脱水收缩产生的解理缝与构造裂缝有相似特征；其次，全岩分析发现，在变质围岩（角岩、板岩）的含油气薄片

5

中，几乎不含碳酸盐类胶结物，而不含油气薄片中方解石和铁白云石十分常见，并且通常呈方解石脉填充于裂缝中，在成岩晚期这些碳酸盐矿物很可能来自岩浆侵入所带来的热液。高压热液使围岩产生裂缝，随后热液填充其中冷却成为碳酸盐胶结。后期部分胶结物被溶蚀，油气充注其中从而导致上述现象。

实际上，变质泥岩裂缝在与侵入体紧密接触带十分常见，如果这类缝隙在后期地质过程中得以保留或填隙物后期被溶蚀，不仅可以成为良好的储集空间，还能沟通其他微裂缝成为裂缝系统。

综上所述，无论砂岩还是泥岩围岩，这种挤压变形作用均能产生裂缝系统，对储层的改善或是改造有积极影响。以岩浆侵入成因的裂缝系统为主要储集空间的典型油气藏，如：冀中廊固凹陷斑点板岩油藏，储渗空间以裂缝为主，孔隙度极大值23.3%，极小值8.8%，平均值18.6%，试油日产油6~9t；济阳凹陷罗151块接触角岩带发育大量拱张裂缝，和侵入岩裂缝系统相连通，成为良好的侵入体-接触变质带储集系统。

（2）岩浆侵入使碎屑颗粒破碎和溶蚀。

微观上，岩浆侵入挤压引起接触带碎屑颗粒发生脆性破裂，在持续高温高压作用下，矿物颗粒（如石英）进而发生溶蚀。这些微观物理作用在实验中均可得到证实，如压力条件下石英颗粒发生压溶并且缝合，石英颗粒相互穿插，颗粒接触处形成各种微裂缝等。刘超（2016）在研究团山子辉绿岩侵入体露头时，发现由于受辉绿岩侵入体的挤压，上覆砂岩中石英颗粒接触关系发生明显改变，随着远离辉绿岩侵入体，石英颗粒由凹凸接触逐渐过渡到线、点接触或者根本不接触；在砂岩层的薄片观察中，大量的石英颗粒呈现波状消光现象；石英颗粒裂隙普遍发育，随着远离辉绿岩侵入体，裂隙减少。这些特征说明了辉绿岩侵入体对围岩层的物理挤压作用。此外，在颗粒破碎带，石英颗粒发生压溶作用，为远处石英颗粒次生加大提供硅质，因此石英次生加大边出现的趋势是随着远离辉绿岩侵入体逐渐增多的，这与露头岩样薄片观察相符，也从侧面证实了侵入体对碎屑颗粒的挤压溶蚀作用。Summer等对以色列中南部 Makhtesh Ramon 地区侏罗系 Inmar 砂岩在未固结时期受到辉绿岩岩浆侵入进行了研究，以露头、微构造、岩石学及岩石物理等多方面特征为支撑，提出了未固结砂岩对岩浆侵入活动响应的岩浆侵位发展模式（图1-1），较全面地包含了上述各种物理作用过程。

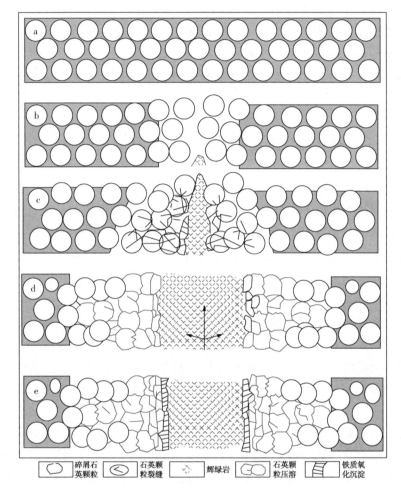

图 1-1 辉绿岩-砂岩相互作用动态模型(据参考文献[8])

a—辉绿岩侵入前,砂岩仍处于未固结状态;b—辉绿岩大规模侵入时,顶部砂岩中形成含水裂隙通道;c—辉绿岩大量侵入到裂隙通道中,突然挤压砂岩,附近的碎屑石英颗粒内部产生裂缝;d—高温石英颗粒内部的裂缝愈合,持续的挤压和高温作用使石英颗粒压溶现象普遍,在接触带处砂岩完全转化为石英岩;

e—随着侵入岩冷却,铁质氧化物沉淀在辉绿岩和石英岩之间

与物理挤压作用造成次生裂缝改善储层储集性能不同的是,这种岩浆侵入挤压作用从微观层面上对围岩储集性能具有明显破坏作用:尽管挤压作用使得矿物颗粒破碎形成微裂缝,但在持续高温高压作用下,破碎颗粒之间发生错位蠕动,这些微裂缝很快愈合,矿物颗粒缝合在一起。

同时压溶作用在非静岩压力条件下（此处为岩浆侵入造成的异常高压）会导致孔隙快速减小：其溶蚀产生的硅质很快在距侵入体较远处沉淀，形成次生加大或填充孔隙；此外挤压作用使弱固结砂岩层发生颗粒排列调整和固化，使砂岩变致密，在接触处则形成氧化铁、方解石等非渗透胶结物。

1.1.2 热传递及热液变质作用

（1）热对流对砂岩的改造。

热对流是指由于温差所产生的热力而导致流体的流动，热对流通过物质迁移和热传播对岩石的成岩作用有重要的影响。岩浆活动是造成热对流的重要因素之一，高温岩浆侵入加热地层水，使接触带处与正常地层产生巨大温差，发生热对流和热传递，从而对具有连通孔隙的砂岩进行改造。

岩浆成因热对流溶蚀并搬运早期成岩自生矿物，使其重新分布。如石英随温度升高溶解度增大，而方解石则相反，在热对流过程中，流体降温流动发生石英沉淀和方解石溶解，而流体升温流动时发生石英溶解和方解石沉淀，这样造成自生矿物的不均匀分布。实际上，热对流通过不均匀成岩作用而增强储层非均质性。Haszeldine 等研究了 Beatrice 油田砂岩中的石英胶结物，认为热对流作用导致了石英的次生加大。地层中自生石英在高渗透率砂岩中的含量远高于低渗透率砂岩，同时泥质含量高的低渗透率砂岩中长石通常保存较好，而泥质含量低的高渗透率砂岩中长石多被溶蚀，说明在成岩形成石英加大边过程中富含二氧化硅成岩流体的流动是主要的物质运移形式。通过分析认为黏土脱水反应、沉积物机械压实排液以及上部海水补充等形成的流体量均不足以搬运成岩作用中大量的二氧化硅，而孔隙流体对流反复循环则是唯一可能的解释。此外，Haszeldine 等还通过观察和推论给出了热对流搬运物质的模型（图 1-2）。在团山子采石场辉绿岩侵入体接触带附近砂岩研究中，岩浆侵入挤压使得接触带石英颗粒发生溶蚀，随即这部分硅质在热液对流作用下在温度较低处沉淀形成石英次生加大。其结果是靠近侵入岩的砂岩中石英次生加大体积比未收辉绿岩影响的砂岩大。Ros 对 Parana 盆地

Furnas 砂组研究认为，自生石英和自生伊利石从镜下规模到宏观规模的不均匀分布与岩浆成因的热液对流有关。

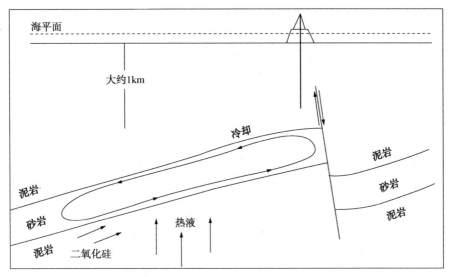

图 1-2　热对流搬运物质模式图(据参考文献[41])

热对流搬运溶液物质在温度相对较低处沉淀在孔隙中。Rabinowicz 等对 North Sea 油田 Chalk 油气藏中一套极低孔低渗的硅质夹层进行研究，认为其形成是由于孔隙流体热对流所携带的物质在 Chalk 油层微裂缝聚集形成。由热对流引起的二氧化硅和方解石等物质在裂缝中的沉淀使得孔、渗性逐渐降低，直至对流循环终止，最终形成一套致密硅质隔层。

热对流通过热传递和水岩反应形成"相对高温"自生矿物。Girard 等对西非 Taoudeni 盆地上元古代硅质碎屑岩成岩作用与辉绿岩侵位作用进行了研究。流体包裹体证据表明，后期的石英次生加大边(与压实阶段低温条件下的石英加大相对应)、铁白云石、方解石等自生矿物形成于较高温度条件下(135~170℃)，而按正常地温梯度(25℃/km)计算，所研究层位埋深 2.5~3km，最大埋深成岩温度不超过 100℃。这种"相对高温"的自生矿物与辉绿岩侵位造成的热液活动密切相关。此外，在辉绿岩侵入体大约 15m 范围内，发育云母-伊利石-高岭石的代表先升温后降温的热液矿物组合，其矿物的连续性和演化特点与正常成岩序列有明显的不同。北爱尔兰三叠系 Sherwood 砂组接触变质带，离侵入体距离由远到近，自生矿物温度由低到高，矿物含量变化明显（图1-3a）。距离辉绿岩侵入体10m处，其岩石学特征基本不受影响，以含少量白云石为特点（2%）；距离侵入体6m处，白云石含量减少（0.25%），出现薄板状的硅镁矿物和铁铝矿物及微量碱元素，结合高强度反射特征，推测其为富钠环境形成的白云母；距离侵入体3m处，主要为放射针状的角闪石-阳起石系列矿物，出现方解石，氧化铁矿物减少，蒙皂石逐渐消失；而临近侵入体自生矿物主要为阳起石，缺少白云母、蒙脱石。实验室模拟反应表明，原岩中的富镁锰皂石、石英、白云石等矿物在热液作用下发生反应：在低温条件下，白云石与含矿物晶体水溶液发生反应形成方解石；在130~180℃，白云石与石英发生作用产生白云母；在200~230℃，白云母与方解石、石英发生反应生成角闪石，在Fe^{2+}丰富的情况下，则形成阳起石；在更高温情况下（250~300℃），角闪石（或阳起石）可由蒙皂石、方解石、石英反应得到。

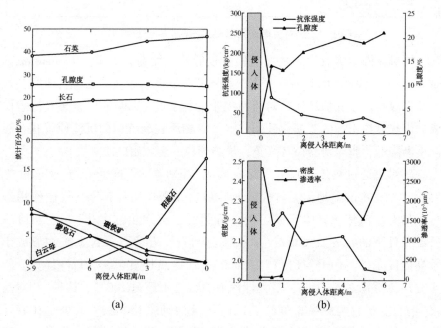

(a)　　　　　　　(b)

图1-3　McKinley(a)和Summer(b)对辉绿岩侵入的
不同研究结论(据参考文献[8，12])

此外，流体热扩散还能导致砂岩自生矿物的改造和新生矿物的形成。Merino 等对美国 Hartfort 裂谷盆地侏罗系 New Haven 长石砂岩 9 研究表明，在该地区发生的基性玄武岩侵位作用突然"加热盆地"，使得接下来的成岩作用发生急剧变化，主要表现在：岩浆侵位驱动孔隙水发生对流，循环的孔隙流体不断溶蚀早先大气水条件下的成岩产物（如磁铁矿胶结、石英和钠长石次生加大和少量自形金红石），使之消失殆尽或是溶蚀成微晶结构；某些新生胶结物的快速增长，如燧石和钠长石胶结、伊利石/绿泥石胶结、纤维状沸石胶结等。Ros 对巴西 Parana 盆地志留系—泥盆系 Furnas 组砂岩研究中发现，由于区域隆升和岩浆活动引发的热液循环促使高岭石和长石发生伊利石化以及硅质胶结。

上述改造的综合结果就是加速了成岩作用，使处于早成岩作用阶段的围岩出现了晚成岩阶段的成岩现象。如在东营凹陷南斜坡草桥和金家一带，虽然沙二至沙四段泥岩和砂岩层以埋藏浅（1000m 左右）、R_o 值低（0.28%~0.35%）、处于早成岩作用阶段的 A 或 B 期为特征，但却出现了晚成岩阶段 A 期的成岩现象。结合渤海湾盆地沙三段外变质带中碳酸盐脉的 $\delta^{13}C$ 分析，其形成被认为与岩浆活动的热事件有关。

（2）热烘烤引发泥岩热变质。

变质作用在变质带形成热接触变质岩。砂岩如果孔隙连通性好，在受岩浆侵入时，高温流体在孔隙中发生热对流使砂岩发生上述改造。但如果砂岩在热烘烤为主作用下发生变质，常形成变余砂岩或石英岩，变质砂岩与正常砂岩差别较小。相对于砂岩，泥岩孔、渗性差，岩浆热液或孔隙水难以发生流动发生类似于砂岩的改造，但泥岩对温度敏感，在高温下易发生各种变质反应，因此岩浆侵入带来的高温烘烤对泥岩影响更大。泥岩变质主要在高温下发生脱水反应，矿物颗粒发生变质结晶，形成自生矿物。离侵入体由近至远，变质程度逐渐减弱，如依次出现角岩带和板岩带。在石榴子石角岩相中，由于脆性变大，产生冷凝收缩缝，岩浆热液沿构造裂缝和冷凝收缩缝使变晶矿物发生溶蚀，形成晶间、晶内溶蚀孔缝；而在堇青石角岩中溶蚀孔不发育，主要是这类角岩易酸溶矿物的含量较低，残留 C—H—O 热液在封闭环境下逐渐冷凝形成碳酸盐类矿物堵塞喉道，阻止后期流体进入。对于板岩类低级变质带，通常离侵入体较远，受岩浆热液溶蚀少，故溶蚀孔缝不发育，次生裂缝较发育。显然，岩浆高温烘烤使泥岩变质，形成次生裂缝以及晶间、晶内溶孔，使非储层转变为储层。此外，岩浆岩裂缝与板岩裂缝相互沟通成统一的储集系统。泥岩变质岩储集性能好坏与其变质程度正相关。

（3）变质构造的形成。

在砂岩围岩变质带易形成柱状解理。柱状节理常见于浅层侵入岩和喷出岩中，发育规模从毫米级别至上千米，是由于岩浆快速冷却固结收缩形成，受岩浆侵入体影响的砂岩也有类似构造。在未完全固结成岩的砂岩中，这种节理缝通常沿着层理面发育，并且其发育范围明显受侵入体控制，在接触处具有与侵入体柱状节理相似的形态，而离侵入体越远，柱状节理越不发育。其形成机理是：高温岩浆沿层应力较小方向（如层理面）进入砂岩层，砂岩层受到加热快速固结，侵入过后发生冷却收缩，形成柱状裂缝。这种柱状解理缝通常发育规模大且连续性好，与上述物理挤压裂缝形成网状裂缝系统，改善储层储集性能。

在早成岩阶段发生侵入，在围岩地层中易形成气孔—杏仁构造。前人在对松辽盆地南部团山子采石场辉绿体露头研究时，发现角岩和砂岩中普遍发育气孔构造，其中填充的杏仁体为方沸石、钙斜沸石、钠沸石，与火成岩中的杏仁成分一致，说明其成因与岩浆侵入作用有关，而非一般的沉积后生结核构造，并认为"气孔—杏仁"构造的形成与围岩弱固结状态和岩浆热液和挥发分有关。刘立等将其形成过程解释为：岩浆侵位的富含硅质高温流体上升遇冷的孔隙水后，一部分迅速过饱和形成氧化硅凝胶，而另一部分则引起未固结或弱固结的砂质沉积物或泥质沉积物局部膨胀，冷凝后形成"杏仁"构造。而彭晓蕾则认为气孔主要是岩浆侵入过程中所释放气体挤压围岩形成，"杏仁"构造则是后来岩浆热液充填形成。据研究推断，如果"杏仁体"被后期溶蚀，加之接触带广泛发育的裂缝体系，能够提高围岩的孔隙度。但是这类结构分布局限，还未见以此为主要储集空间的油气聚集。

1.1.3 热液活动提供成岩作用物质来源

在松辽盆地南部团山子采石场辉绿岩侵入体紧邻砂岩中，石英颗粒边部发育不规则"毛刺"状石英微晶。这种微晶石英加大在实验条件下可以得到：在偏碱性溶液中（NaOH、Na_2CO_3、K_2CO_3），当溶液浓度较高且流动较快时，在石英颗粒 C 轴方向结晶较快形成正常的次生加大，而在其他部位结晶较慢形成微晶，由于微晶与母体石英颗粒具有强的内聚力，因而能够形成稳定微晶胶结。不难推断，上述紧邻侵入体砂岩带中，岩浆热液扮演了"浓度高，流速快的碱性溶液"角色，辉绿岩的侵入提供了K^+、Na^+等碱性离子和溶液环境，参与了石英微晶的形成。且距侵入体越近，热液越集中、流速越快，石英微晶越发育，而在较远处微晶不发育。岩浆热液参与水岩反应岩还可使围岩黏土矿物成分和含量发生变化。如临邑洼陷沙三段、沙四段的基性侵入岩富含Fe^{2+}、Mg^{2+}而贫K^+，为蒙脱石向绿泥石转化提供条件，导致侵入岩体附近的碎屑岩出现富含绿泥石而贫蒙脱石的特征。

岩浆作用携带的无机CO_2进入砂岩储层后，使砂岩孔隙介质呈弱酸性，打破了原来已经形成的水—岩平衡，促使一些不稳定的组分和长石发生蚀变，并造成新矿物沉淀。如岩浆活动能够提供大量CO_2，进而导致片钠铝石的沉淀。CO_2溶于地层水形成酸性流体后，首先交代富钠铝的长石类形成片钠铝石，大量的CO_2被消耗，并导致孔隙热液中Na^+和Al^{3+}浓度增加，流体转为碱性并引起片钠铝石沉淀。砂岩中片钠铝石以板状交代长石，以放射状或菊花状填充于粒间孔隙或先前溶解孔隙，使得砂岩孔隙减小。岩浆活动直接引起或间接引起的片钠铝石和方解石的沉淀常见于我国东北部盆地。此外，岩浆侵入所携带的熔融状态二氧化硅引起氧化硅凝胶在孔隙中的直接沉淀、石英和长石的加大等。

从上述讨论可知，在油气储层中，无论是石英微晶的生成、自生石英的沉淀，还是石英的次生加大和片钠铝石的沉淀，都对储集性能产生不利影响。如苏北金湖凹陷阜宁组砂岩储层中，自生片钠铝石填充于粒间孔、粒内孔和裂缝中，使得孔隙度降低。

1.1.4 研究展望

（1）热对流作用机理研究。

上已述及，岩浆活动是造成热对流的重要因素，热对流通过物质的迁移和热传播从而对岩石的成岩作用有重要的影响，是解释热液在围岩中流动的理论基础。因此，热对流发生和作用机理的研究，是正确认识流体—围岩作用的前提。但长期以来，对热对流发生的条件以及其在成岩作用中的研究仍存在争议，主要表现在：有研究认为不仅较浅地层发生热对流，在深部的静岩压力条件下，也能够发生热液对流；也有研究表明，在地层条件下不能形成有效的热液对流，并且其对物质运移的作用非常微小，有学者更是通过实验模拟认为热对流根本不可能发生。弄清这一问题，关键在对热液活动示踪，弄清热液的运动方式及运动路径。依据热流体-岩石相互作用的结果，通过热液示踪，进而探讨侵入热液作用对围岩储层影响的机理。

（2）探讨围岩的受影响范围

侵入体对围岩的影响范围具有一定规模，才能形成具有勘探价值的油气藏。Dow（1977）对得克萨斯州特拉华盆地含有机质页岩研究认为侵入体对围岩的影响范围是侵入体厚度的两倍左右，而且上部变质程度通常比下部轻得多；陈荣书等（1989）通过对冀中葛渔城—文安地区苏401井辉绿岩床（厚45m）影响的烃源岩研究表明：上、下方的影响范围均超过岩床厚度的两倍，上方甚至达2.72倍；而Simoneit等（1978）的研究认为油页岩围岩受影响范围仅相当于侵入体厚度的三分之二；高邮凹陷北斜坡阜宁组的变质泥岩厚度均不超过50m，而该地区辉绿岩侵入体厚度最大可达252m；在Barrandian盆地志留系玄武岩侵入体（厚度小于1~12m）更是对围岩（黑色页岩、泥岩）的影响范围极其有限。因此，分析不同地区侵入体影响范围差别的内在原因，对预测储层发育规模和进行储层评价有重要的意义。不少学者对此做了积极的探索，较多观点认为，对泥岩围岩，影响范围除了与侵入体规模直接相关外，还与围岩的导热性，热量传播速率，孔隙水体积以及侵入时有机质成熟度等因素有关。Suchy更是利用物理模拟实验证实了侵入体极其有限的影响范围与泥岩中包含水有关，为开展类似的研究提供了很好的方法。

相对于对温度更为敏感的泥岩而言，砂岩受侵入体热作用而发生变质作用的范围比泥岩小，但岩浆侵入体加热地层水，同时释放流体物质，在砂岩围岩孔隙中可能引发大规模热对流发生水岩反应，从而影响砂岩的孔、渗分布特征。因此砂岩围岩的影响范围研究应该与热对流机理研究相结合。

（3）深入探讨不同条件下的围岩储层发育模式

上述讨论可知，岩浆侵入活动对围岩的改造是必然的，并且对围岩储集性能影响具有双重作用，既可产生物理裂缝或溶蚀孔缝增加储集性能，也能导致矿物或胶体沉淀使储集性能变差。但是总体上改造后围岩的储层物性是改善还是变差了，还存在较大争议。有些研究认为岩浆侵入活动主要造成各类自生矿物和硅质胶体的沉淀而充填孔隙，对储层造成不利影响（图1-3b）。有些研究则认为岩浆热液所携带矿物质和气体使围岩溶蚀改造形成次生孔隙而使储层得以改善。此外，还有研究认为岩浆侵入体导致一些黏土矿物溶解的同时，也会导致变质结晶作用形成新生矿物填充于孔隙之中，两者影响相互抵消，总体上储层孔、渗性没有明显变化（图1-3a）。

实际上，从典型实例研究（表1-1）可以看出，岩浆侵入作用对储层性质的最终影响与诸多因素有关，如岩浆侵入体特征、侵入时围岩成岩阶段、侵入前围岩特征、侵入体距离等。要具体厘定改造后储层性质的变化，其核心是探讨不同条件下侵入岩热液对围岩储层影响的机理并建立其相应的模式，即从以下几个方面进行深入研究：被热液改造的围岩储层与未受热液改造的储层储集性能的差异研究；侵入热液对不同的围岩（砂泥岩组合不同）的影响研究；侵入岩的不同产状（岩墙、岩床）及侵入热液对围岩改造研究；热液对处于不同成岩阶段的围岩储层改造差异研究。最后建立岩浆侵入作用影响围岩机理的模式。有研究者做了一定的工作，对其影响机理进行了研究，但更多不同地区、不同影响因素组合条件下的影响机理应该进行进一步深入的研究。

尽管对侵入体影响范围还有待深入研究，但总体上围岩受影响范围与侵入体规模（主要是厚度）呈正相关关系，只要侵入体达到一定规模，便可形成具有勘探价值的油气储层，多个变质泥岩油藏的勘探开发证实了这一点；同时侵入体所引发的热对流是影响砂岩储层非均质性的重要因素。因此，深入研究岩浆侵入作用对碎屑岩围岩的影响机理有重要的意义。

岩浆侵入对碎屑岩储层影响方式包括挤压变形作用、热传递及热液变质作用以及岩浆热液直接或间接为成岩作用提供物质来源，而其对围岩储集性能影响则具有双重作用：既可产生物理裂缝或溶蚀孔缝增加储集性能，也能导致矿物或胶体沉淀使储集性能变差。

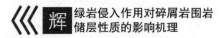

表1-1 世界范围内不同地区岩浆侵入特征及研究结论（据参考文献[6, 8, 12, 19, 24]）

研究层位	侵入体特征	侵入阶段	侵入前围岩特征	岩石学特征	储层特征	结论/观点
侏罗系Inmar组（Summer等, 1995）	玄武岩，辉绿岩岩墙；贯穿整个层位，平均厚约1m；热液持续时间10~25Ma；异常地温梯度45~55℃/km	成岩早期；暴露或近地表；砂岩沉积物未固结	纯的石英砂岩	远离侵入体：颗粒多为单晶圆形石英颗粒；成岩矿物为微弱石英次生加大，少量方解石	远离侵入体：正常成岩作用，颗粒中值集中，颗粒支撑，孔隙好	砂岩储集性能变差（可从文中推断）
				接触带：石英颗粒变形严重，裂缝多，颗粒线性接触—凹凸接触，主要新生矿物有石英、高岭石，磁铁矿胶结物；次要自生矿物有方解石、明矾石、伊利石/蒙脱石	接触带：变质为石英岩；新生矿物胶结物填充无孔隙；	
三叠系Sherwood砂组（McKinley等, 2012）	橄榄辉绿岩岩床及岩墙岩床厚2m；规模较小；最高成岩温度200~250℃	浅层侵入；侵入时期为第三纪；成岩末期	上部为磨圆中—好的长石质砂岩，下部为浅水环境泥岩	远离侵入体：正长石胶结，白云石胶结，其他自生矿物如石英、皂石；石英次生加大较少见	远离侵入体：正常成岩作用，孔隙度均值约25%，渗透率均值约500×10^{-3} μm^2	侵入体规模小，影响范围只与热液填隙物反应，而不与颗粒反应；表面小的支撑矿物（钾长石等），岩浆侵入体导致一些黏土矿物的溶解，同时也会变质结晶形成新生矿物填充干孔隙之间，两者相互抵消，储层孔，渗性无明显变化；对下部泥岩有一定改造作用
				接触带：阳起石，角闪石，白云母，少量碳酸盐胶结	接触带：热液成岩作用，接触带砂岩孔，渗无明显变化	

续表

研究层位	侵入体特征	侵入阶段	侵入前围岩特征	岩石学特征	储层特征	结论/观点
古近系阜一段—三垛组（叶绍东等，2010）	多套辉绿岩相互穿插；厚度十几米至一百多米；规模大	/	泥岩	远离侵入体：正常岩特征；接触带：变质程度高，多种变质矿物，如重青石、透辉石、红柱石等；较远处变质为角岩、干枚岩、板岩	远离侵入体：正常泥岩，为非储层；接触带：由非储层转变为储层，主要发育微孔洞、晶间孔、溶蚀孔、收缩裂缝；	泥岩对温度敏感，易受侵入体热液作用影响发生变质，孔、渗性能必然变好
古近系阜三段（王颖等，2010）	辉绿岩低角度穿层侵入；厚度十多米至一百多米；最高成岩温度大于140℃	/	粉砂岩、泥质粉砂岩、细砂岩及泥质夹层	远离侵入体：方解石胶结普遍；孔隙不发育；接触带：泥岩角岩化；自生矿物如长石绢云母化；自生白云石；砂岩中石英溶蚀，碳酸盐胶结（但石英、长石溶解量大于方解石胶结）；颗粒破裂	远离侵入体：孔隙不发育，储层致密；接触带：储层质量变化，泥岩改造，砂岩固结得到改善	是否改善储集性能，取决于溶解量和沉淀量的相对多少
Taoudeni盆地上元古界（Girard等，1989）	辉绿岩多期侵入，呈岩墙和岩床；主要分布在盆地南部；顺层侵入；最高成岩温度达170℃	侵入时期为早侏罗世；浅层侵入；侵入时已固结成岩	石英含量极高的硅质碎屑岩	远离侵入体：分选和磨圆极好的石英砂岩，次长石英砂岩，石英颗粒呈单晶，自形程度高；长石含量少，主要为钾长石，少量海绿石，云母及重矿物；接触带：钠长石角页岩相（方解石、透闪石、白云母、次生石英、透辉石、方解石残充切割脉		越靠近接触变质带，储层孔隙性越差（可从研究区储层岩石学特征推断）

进一步深入研究的主要内容包括：①热对流机理的研究。对热液活动示踪，弄清热液的运动方式及运动路径，从而了解热对流发生的条件、规模，进而对受侵入体影响的砂岩储层进行评价。②侵入体的影响范围研究。物理模拟实验是研究侵入体对泥岩围岩影响的范围的有效手段，而热对流的研究则是预测砂岩围岩受影响范围的基础。③建立岩浆侵入影响围岩机理的模式。主要从被热液改造的围岩储层与未受热液改造的储层储集性能的差异研究、侵入热液对不同的围岩的影响研究、侵入岩的不同产状其侵入热液对围岩改造研究、热液对处于不同成岩阶段的围岩储层改造差异研究等方面进行研究，并且建立相应的模式。

1.2　主要研究内容与思路

本书针对上述所提出的科学问题，以苏北盆地高邮凹陷的油田实例和松辽盆地南部团山子采石场野外露头为例，主要开展以下几方面研究工作。

（1）辉绿岩侵入影响下的围岩特征。通过野外密集采样和钻井岩心资料，研究距侵入体远近不同的围岩储层的岩石学特征、矿物成分、化学成分、储层孔隙度、渗透率、储层微观孔隙类型，详细描述裂缝发育、分布、充填特征，研究储层成岩作用特征、自生矿物变化特征、黏土矿物的演化特征、胶结物类型及分布特征等，建立受岩浆侵入改造的围岩的成岩序列和孔隙演化规律。通过与同地区、相同层位、相同埋藏深度的未受侵入岩影响的储层特征的对比研究，重点研究侵入岩侵入前后围岩储层的变化，其研究思路如图 1-4 所示。

（2）辉绿岩侵入对碎屑岩围岩储层质量影响的控制因素和作用机理。针对砂岩围岩，主要研究围岩颗粒接触关系变化、颗粒破裂情况及裂缝观察等，厘定岩浆侵入的物理挤压作用及其影响范围和作用机制；研究变质矿物和自生矿物特征的分布和组合以及通过热液同位素示踪、流体包裹体等来示踪热流体的流动过程，以确定热变质作用及变质程度和热液流动过

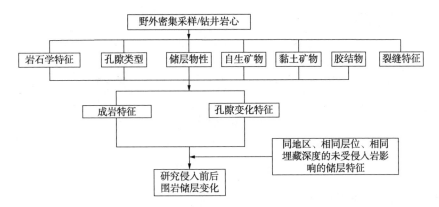

图 1-4 辉绿岩侵入影响下的围岩特征研究思路图

程和规模及其导致的水—岩反应,从而厘定岩浆侵入的热作用和化学蚀变作用;分析讨论不同因素对储层物性的影响,在此基础上预测有利储层发育区域(图 1-5)。

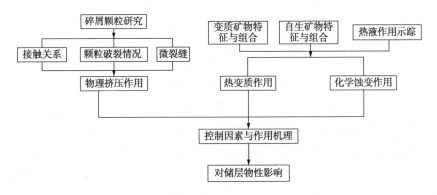

图 1-5 变质砂岩储层控制因素分析思路图

对于泥岩围岩,主要分析其岩石学特征、变质矿物特征及自生矿物分布特点以厘定其变质程度,重点研究变质泥岩中的裂缝和微裂缝特征,分析在变质泥岩储层形成过程中的热变质作用、热液作用以及物理破碎作用(图 1-6)。

(3)建立热接触变质围岩储层发育模式。根据岩心观察和地震、测井资料,研究侵入岩与变质围岩的接触关系和空间展布特征;利用上述两方面的研究结果,根据储集空间发育特征、变质程度特征、裂缝发育特征等

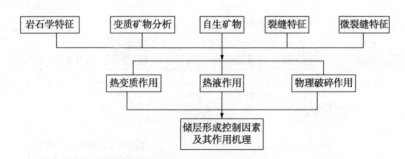

图 1-6　变质泥岩储层形成控制因素分析思路图

将变质围岩储层进行划分，建立碎屑岩围岩储层的发育模式，其研究思路
图如下(图1-7)。

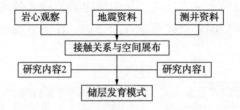

图 1-7　热接触变质围岩储层发育模式研究思路图

　　本书以岩浆岩及变质岩岩石学、储层地质学等理论为指导，综合运用
地震、钻井、测井和野外露头资料，以苏北盆地高邮凹陷北斜坡地区和松
辽盆地南部团山子采石场地区的辉绿岩侵入体及热接触变质带为研究选
区，利用储层研究技术，开展岩浆侵入作用对围岩储层影响机理研究。通
过岩石学特征、矿物成分、化学成分、储层孔隙度、渗透率、储层微观孔
隙类型、详细描述裂缝发育、分布、充填特征，研究储层成岩作用特征、
自生矿物变化特征、黏土矿物的演化特征、胶结物类型及分布特征等，建
立受改造的围岩储层的成岩序列和孔隙演化规律，并与未受侵入岩影响的
同层位储层进行对比。通过自生矿物组合变化、黏土矿物的转化规律、胶
结物流体包裹体测温等证实热液流体的影响，从而探讨热液作用对碎屑围
岩的影响机理，在此基础上预测有利储层发育地区。本次研究技术思路图
如图1-8所示。

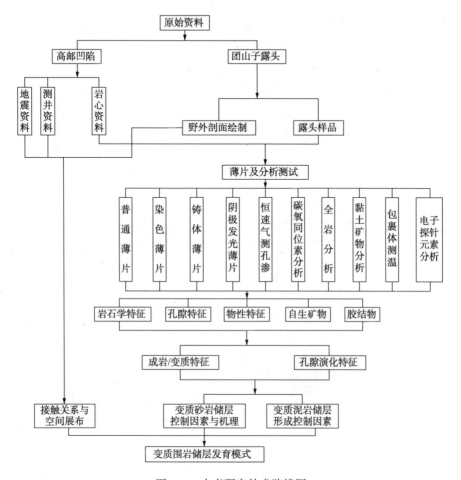

图 1-8　本书研究技术路线图

1.3　资料来源

本书的编写主要基于基础资料收集、油田现场及野外露头基础工作以及多项室内分析测试,具体资料来源见表 1-2。

21

表 1-2　资料来源

类别	项目	数量
基础资料 收集	江苏油田钻井、录井、测井、地震、岩心分析、静态生产等资料及部分显微薄片	400 余份
	江苏油田内部项目报告	5 份
	文献调研	约 200 篇
现场/野外 工作	油田岩心观察与描述	约 500m
	油田岩心样品挑选	200 余块
	油田岩心照片	300 余张
	露头剖面绘制	1 张
	露头照片	20 余张
	露头样品采集	51 块
分析测试	薄片磨制(普通薄片+染色薄片+铸体薄片+流体包裹体薄片)	336 片
	扫描电镜分析	82 块
	岩心柱孔、渗测试	125 块
	薄片点记法孔隙度统计	66 片
	碳、氧同位素分析	20 件
	岩心样品裂缝定量统计	24 块
	X-衍射分析(全岩+黏土)	66 件
	电子探针成分分析	13 件
	流体包裹体观察与均一化测温	14 个

第2章

地质概况

2.1 高邮凹陷

2.1.1 区域构造与地层发育

苏北盆地位于江苏省境内，为呈近东西走向的新生代沉积盆地，盆地基底为中生界和古生界，上覆沉积盖层为上白垩统至第四系沉积，渐新统缺失(图2-1)。仪征运动(晚白垩世)和吴堡运动(新生代)是盆地内两次活动强烈巨大的地质事件，在两次构造活动控制下，基底发生不均一下降或隆起，形成了呈箕状形态的高邮凹陷。高邮凹陷北斜坡面积约1300km²，三次资源评价认为该区的油气资源量十分丰富。由于高邮凹陷构造活动强度大且频繁，致使该区岩浆岩特别发育，按其类型分为玄武岩和辉绿岩。其中辉绿岩在该地区大规模穿插，对油气藏影响极大，是我们主要研究对象，受辉绿岩烘烤形成的变质带储集层，也为我们寻找新的油气藏类型提供了方向。高邮凹陷为一南断北超箕状凹陷，伴随构造运动，岩浆活动频繁，大部分三级构造带上发育辉绿岩，西部码头庄秦栏构造，中部北斜坡发财庄、卸甲庄、沙埝、永安；东部陈堡东、吴岔河等三级构造上，辉绿岩均有不同程度的分布。钻井和地震资料表明，辉绿岩在各局部构造上发育的规模不同、侵入层系复杂。北斜坡沙埝、卸甲庄、发财庄、三垛、永安地区辉绿岩呈多套多层系连片发育，厚度变化大，且各套辉绿岩关系错综复杂。研究区高邮凹陷在新生代发育了北西向、北东向以及北东东向三组断裂，由南至北分别发育了真武1号、真武2号断裂与汉留断裂带。上述断裂带控制了高邮凹陷的发育范围。此外，断裂带还将基底分割成若干个次级洼陷：从北至南分别为北部斜坡带、中部深洼带以及南部断阶带，其中北斜坡带是高邮凹陷的主体部分，也是本次研究重点(图2-2)。

高邮凹陷构造-沉积可大致分为以下几个演化阶段。

(1) 欠补偿剧烈断陷阶段。在仪征运动过后，盆地基底在拉张裂谷背

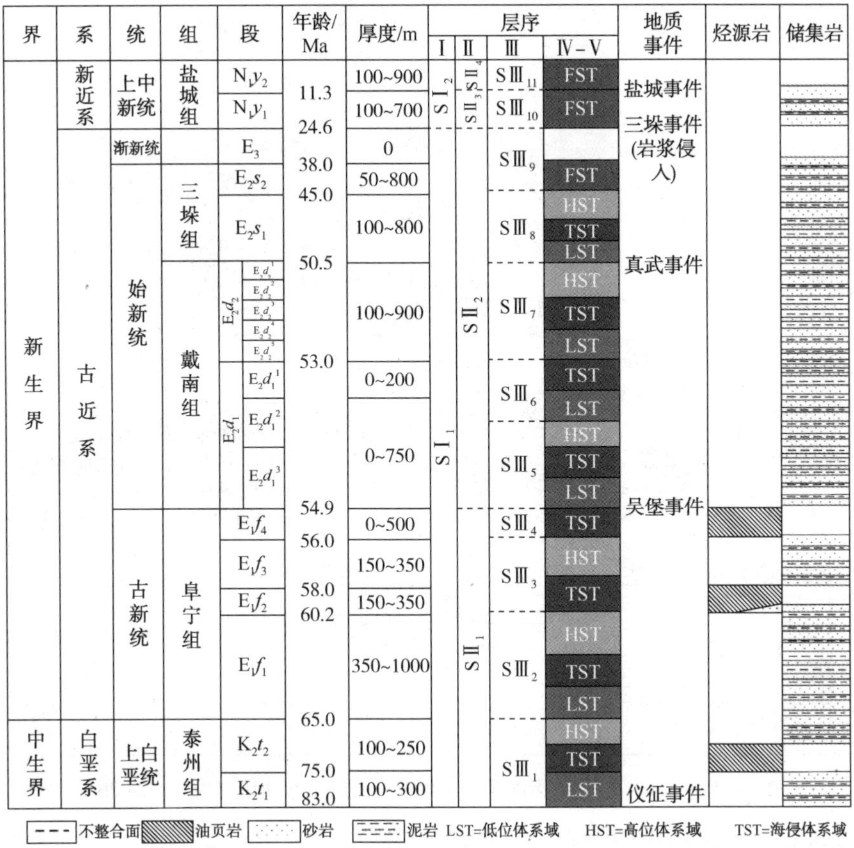

界	系	统	组	段	年龄/Ma	厚度/m	层序 I	层序 II	层序 III	层序 IV-V	地质事件	烃源岩	储集岩
新生界	新近系	上中新统	盐城组	N_1y_2	11.3	100~900	$S I_2$	$S II_3 S II$	$S III_{11}$	FST	盐城事件		
				N_1y_1	24.6	100~700			$S III_{10}$	FST	三垛事件(岩浆侵入)		
		渐新统		E_3	38.0	0			$S III_9$				
		始新统	三垛组	E_2s_2	45.0	50~800			$S III_9$	FST			
				E_2s_1	50.5	100~800		$S II_2$	$S III_8$	HST / TST / LST	真武事件		
	古近系		戴南组	E_2d_2	53.0	100~900	$S I_1$		$S III_7$	HST / TST / LST			
				$E_2d_1^1$		0~200			$S III_6$	LST			
				$E_2d_1^2$		0~750			$S III_5$	HST / TST / LST	吴堡事件		
				$E_2d_1^3$	54.9								
		古新统	阜宁组	E_1f_4	56.0	0~500			$S III_4$	TST			
				E_1f_3	58.0	150~350			$S III_3$	HST / TST			
				E_1f_2	60.2	150~350		$S II_1$					
				E_1f_1	65.0	350~1000			$S III_2$	HST / TST / LST			
中生界	白垩系	上白垩统	泰州组	K_2t_2	75.0	100~250			$S III_1$	HST / TST			
				K_2t_1	83.0	100~300				LST	仪征事件		

图例：---- 不整合面　▨ 油页岩　∷ 砂岩　▤ 泥岩　LST=低位体系域　HST=高位体系域　TST=海侵体系域

图 2-1　苏北盆地综合层序地层格架(据江苏油田研究院，2006)

景下迅速沉降，在此环境下，沉积了 K_2t_{1-2}、E_1f_{1-2} 以及 E_1f_{3-4} 三个水体逐渐加深的沉积旋回。其中 K_2t_2、E_1f_1 和 E_1f_{3-4} 时期沉降最剧烈，沉积黑色泥页岩为主的深水湖相沉积。在剧烈断陷之后，部分断块抬升，发展成水下隆起建造。

（2）过补偿断陷阶段。苏北盆地自吴堡运动后进入过补偿断陷阶段，在可容空间逐渐减小的背景下，沉积了 E_2d_1、E_2d_2、E_2s_1 以及 E_2s_2 四个水体逐渐变浅的沉积旋回，主要发育河流及浅水湖泊相。在强烈断裂活动控制下，苏北盆地在阜宁组沉积时期被断裂活动切割成若干个凹凸相间的次级洼陷或隆起，隆起部位提供物源，低洼部位接受沉积。特别是吴堡、真武、三垛活动引发上升盘急剧隆起，从而接受剥蚀形成物源区，为 E_2d 和

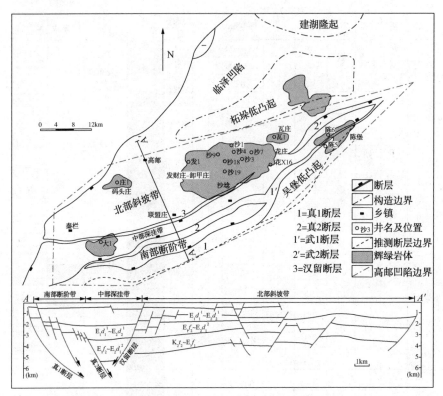

图 2-2　高邮凹陷构造特征及辉绿岩平面分布(据江苏油田研究院，2006 修改)

E_2s 沉积提供物质来源。在此强烈断裂活动之后，由于剥蚀作用地势高低逐渐被抹平，继而湖盆范围逐渐减小。

(3)坳陷阶段(湖盆消亡阶段)。高邮凹陷在盐城时期逐渐步入整体坳陷发育阶段，直至沉积空间完全消失，此阶段主要发育陆上粗粒碎屑沉积。盐城活动(发育于 N_2y_1 末期)造成使盆地不均匀抬升，最终演变成向东倾向的斜坡。继而盐城组后期在斜坡上继续沉积并且沉积中心逐渐向东部迁移。直至沉积空间全部被盐城组末期的披盖沉积充填，盆地发育结束。

2.1.2　辉绿岩识别标志与分布特征

1) 辉绿岩的识别

根据研究区地震、测井、钻井资料可知，本区侵入体的侵位深度一般在 2km 左右，属于浅成侵入岩。岩石一般呈灰色或暗绿色，镜下常见辉绿结构，岩石为辉绿岩。岩浆体顺层或穿层侵入到塑性较高的沉积地层中。

（1）电性响应特征。辉绿岩在测井响应上通常表现为：自然伽马曲线为低平段，电阻率曲线一般为高阻，声波时差曲线呈低值，自然电位曲线一般无明显的负异常显示。但是在孔隙、溶洞发育的火成岩地层中，自然电位一般为负异常。辉绿岩上下的沉积岩层在热烘烤作用下形成变质带，变质带与辉绿岩电性特征相比，其自然伽马曲线为高值段，电阻率曲线为高值段，但是一般较辉绿岩低，声波时差较辉绿岩略高，自然电位曲线局部出现明显的负异常显示(图 2-3)。

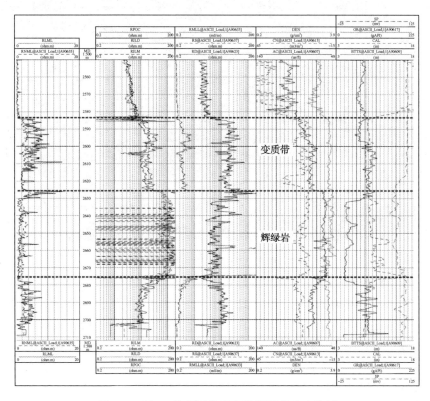

图 2-3　沙 18 井辉绿岩及变质带测井响应特征

（2）地震反射特征。研究表明：当岩浆岩很薄时(<20m)，在地震剖

面上没有明显的响应特征；当岩浆岩较厚时，在地震剖面上表现为低频强振幅、连续性好的特征。辉绿岩常造成地震反射品质变差，影响地震成像。穿层侵入带辉绿岩反射造成下伏地层反射变形，且厚度变化大，侵入层位不稳定，常使地层的平均速度发生畸变，从而导致平均速度横向变化，造成层位认识的偏差。变质带的反射特征取决于辉绿岩厚度，侵入层段及围岩的波阻抗比，在地震剖面上没有固定的反射特征(图2-4)。

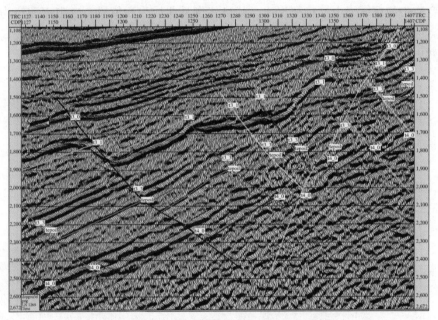

图 2-4　高邮凹陷辉绿岩地震反射特征图

2）辉绿岩的分布

中国东部盆地沉积地层中广泛发育岩浆活动，苏北盆地高邮凹陷则是主要地区之一。由于高邮凹陷范围内地质运动强度大，导致区域内岩浆侵入或喷发活动特别活跃。高邮凹陷范围内，岩浆侵入活跃且持续地质时间较长，在平面上分布范围广。高邮凹陷内浅层侵入岩呈多种产出状态，顺层或穿层于围岩之间，单层辉绿岩厚度变化大，一般薄至几米，厚至几十米，在厚度较大处，达到二百多米。

由于泥岩塑性大，抗压强度小，也常成为辉绿岩侵入的主要层系。阜二段、阜四段是本区主要的烃源岩，泥岩厚度大，分布稳定，因此是侵入岩分布的主要层系，侵入岩厚度大，钻遇最大厚度分别为 252m 和 154m，分布范围广。

（1）平面分布特征。辉绿岩的分布主要与大断层相关，断层是诱发岩浆活动的重要因素。钻井和地震资料表明：高邮凹陷范围内辉绿岩侵入体平面上主要分布在北斜坡地区（图 2-2），主要包括码头庄、发财庄—卸甲庄、沙垛—花瓦和瓦庄东等四个地区（表 2-1）。其中，沙垛—花瓦地区是北斜坡地区辉绿岩侵入分布面积最广泛的地区，辉绿岩具有多套多层系、厚度变化大的特点；瓦庄东地区仅在瓦 6、瓦 13 块、瓦 14 块、吴岔 1 块局部地区有辉绿岩分布。而在北斜坡其他地区，多其次叠合且规模差异很大的辉绿岩穿插或是平面连续产出导致错综复杂的侵入体接触。

（2）纵向分布特征。在纵向剖面上，高邮凹陷北斜坡地区发育的浅层侵入岩可区分为两套（均形成于三垛构造运动时期）。上套辉绿岩侵入体以顺层侵入为主，平面上主要分布在沙垛、永安地区，纵向上主要发育在 $E_2s\text{-}d$ 层位，并且其厚度一般在一百米以上，而辉绿岩在其他部位通常厚度很小，一般小于 20m；下套辉绿岩侵入体通常呈顺层岩席发育，主要发育在烃源岩广泛发育的阜宁组地层中，厚度一般小于 10m，少数井段达到 30m 以上，少数部位超过 100m（表 2-1）。E_1f_2、E_1f_4 地层为本区两套全区内稳定分布且厚度较大的泥岩层，特别是 E_1f_2 中，其泥岩含量高达 70% 以上，是辉绿岩发育的主要层位。高邮凹陷辉绿岩从深凹带向浅层不断侵入，与地层或平行或穿插，并与断层形成多种组合关系（图 2-5）。

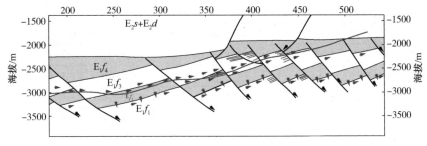

图 2-5　高邮凹陷北斜坡地区阜宁组辉绿岩侵入模式图

表 2-1 高邮凹陷辉绿岩厚度统计表(据江苏油田研究院报告，2006 修改)

地区	序号	井名	井深/m	上套辉绿岩			下套辉绿岩		
				井段/m	厚度/m	侵入层位	井段/m	厚度/m	侵入层位
沙埝地区	1	沙1	2998	无			2748~2870	122	七尖峰段
	2	沙2	3003	无			2886~2891	5	E_1f_3
							2980~井底	>23	七尖峰段
	3	沙3	3174.6	2380~2385	5	$E_1f_4^1$	2694~2784	90	七尖峰段
	4	沙4	2869	2426~2458	32	$E_1f_4^1$顶	2776~2852	76	七尖峰段
	5	沙6	2905	无			2810~2905	95	$E_1f_3^3$
	6	沙8	2955.8	1548~1605	57	E_2s_1	无		
	7	沙7	2950	1980~1993	13	$E_1f_4^1$	2682~2811	129	$E_1f_2^2$
沙埝地区	8	沙9	2900	2324~2328	4	$E_1f_4^2$	2768~2798	30	七尖峰段
	9	沙11	2400	1935~1940	5	E_1f_4	2358~2374	16	七尖峰段
	10	沙12	2345	1873~1910	37	$E_1f_4^1$	2317~井底	>28	$E_1f_3^3$
	11	沙13	2130	1671~1770	99	$E_1f_4^1$	1949~2003	54	$E_1f_3^3$
	12	沙14	2675	2250~2254	4	$E_1f_4^2$	2262~井底	>13	七尖峰段
	13	沙16	2864	2280~2306	30	$E_1f_4^1$	无		
	14	沙18	2706	2100~2102	2	E_1f_4	2632~2678	46	七尖峰段
	15	沙19	2726	无			2345~2450	95	E_1f_2
	16	沙20	2500	1763~1787	24	E_1f_4	2187~2191	4	七尖峰段
				1835~1850	15	E_1f_4			
	17	沙21	2710	无			2023~2250	227	E_1f_3
	18	沙22	3176	1970~2120	150	E_1d_1	2770~2870	100	E_1f_3
	19	沙23	2760	1538~1572	34	E_1d_1	无		
	20	沙25	2850	无			2728~2787	60	E_1f_2
	21	东50	2843.6	无			2324.5~2450	125.5	$E_1f_3^2$
	22	东63	2810.6	无			2713~2804	91	七尖峰段
	23	苏122	3350	无			2713~3001	165	七尖峰段
	24	苏52	2293.5	1570.5~1697.5	127	$E_1f_4^2$顶	无		
	25	苏53	2502.5	1722.5~1877.5	155	$E_1f_4^2$	2040~2140	100	$E_1f_3^3$
	26	苏54	2280.7	1654~1808.5	154.5	$E_1f_4^2$	无		

续表

地区	序号	井名	井深/m	上套辉绿岩			下套辉绿岩		
				井段/m	厚度/m	侵入层位	井段/m	厚度/m	侵入层位
沙埝地区	27	苏143	3408	无			2216.5~2302	85.5	七尖峰段
	28	苏152	2730	无			2242~2251.5	9.5	$E_1f_4^1$
	29	苏155	2600	无			2075~2085	10	$E_1f_4^1$
	30	苏156	2514	无			2249~2256	7	$E_1f_4^1$
	31	苏163	3032	2230~2235	5	E_1f_4顶	2800~2900	100	七尖峰段
							2948.5~2997.5	49	E_1f_1顶
	32	苏171	2986	2365~2376	11	$E_1f_4^1$	2880~2860	80	七尖峰段
	33	苏137	2855	1413~1418	5	E_1s_1	无		

地区	序号	井名	井深/m	井段/m	厚度/m	层位	备注
码头庄地区	1	苏82	2384	1694~1780	86	七尖峰段	
	2	苏91	2426.2	1560~1675	115	七尖峰段	
	3	苏96	2053.3	1587.5~1782	194.5	七尖峰段	
	4	庄1	2000	1578~1663.5	85.5	七尖峰段	
	5	庄7	2100	1675~1750	75	$E_1f_2^3$	斜井
卸甲地区	1	甲1	3200	2208~2264	24.5	$E_1f_4^1$	斜井
				2557~2565	8	$E_1f_3^1$	
	2	甲2	2600	1808~1840	32	E_1d_2	
				2580~2600	20	E_1d_1	
	3	甲3	3010	1868~1882	48	E_1d_1	
				2380~2421	41	$E_1f_3^3$	
				2658~2714	56	$E_1f_2^1+$七尖峰下部	
	4	苏41	2965	1894.5~1509.5	15	E_1f_4	
	5	苏68	3101.8	1888.5~2035	79.5	$E_1f_4^1$顶	
发财庄地区	7	发1	2650	1539~1568	17	E_2s_1	
				2536~2539	3	E_1f_1	
				2543~2549	6	E_1f_1	
	8	发2	2383	1475~1506	30	E_2s	
	9	发3	2604	1450~1495	45	E_1d_2	
				2128.5~2157.5	29	E_1d_3	

续表

地区	序号	井名	井深/m	上套辉绿岩			下套辉绿岩		
				井段/m	厚度/m	侵入层位	井段/m	厚度/m	侵入层位
陈堡地区	1	陈6	2273.7	1725.5~1792.2	66.7	E_1f_3			斜井
	2	陈8	2630	1918~1925	7	E_1f_4			
吴岔河	3	吴岔1	2160	1328~1334	6	七尖峰段			
三垛地区	1	垛3	1679.8	1668~井底	>11.8	E_2d_1			
	2	垛5	1554.8	1542~井底	>12.8	E_2d_1			
	3	垛6	1624.3	1604~井底	>20.3	E_1f_4顶			
	4	垛7	1744.3	1684.5~1690	5.5	$E_1f_4^1$			
	5	垛14	1651.9	1694~井底	>7.9	$E_1f_4^1$			
	6	垛15	1890.8	1500.5~1619.5	119	$E_1d_1\sim E_2d_2$			
	7	苏42	1674.8	1580~1674.8	94.8	E_2d_2			
	8	苏57	2619.2	2026~2130	104	E_2s_1			
	9	东44	2203.8	1654~1752	98	$E_1f_4^2$			
	10	东54	2500.7	1613.5~1683.5	70	$E_1f_4^1$			

注：表中所注井深，标明斜井者为斜井、斜深，未注明者为直井、垂深。

2.1.3 辉绿岩形成期次

通过分析钻井、地震资料，推断该区上下两套辉绿岩侵入期在三垛运动期，理由如下：①在地震剖面上可见到上下两套辉绿岩具同源性，并且上套辉绿岩已侵入到三垛组中，辉绿岩侵入期应在吴堡期后。②辉绿岩反射波组被错断，是断裂活动与辉绿岩侵入同期或滞后的产物。剖面上可见这些断层主要活动在吴堡、三垛期，一般不断开盐城组（图2-6）。这两套辉绿岩不应是盐城时期产物。③辉绿岩沿断层面侵入。断裂活动期早于辉绿岩侵入期，而这些断层断开了局部三垛组地层，因此这两套辉绿岩不应是吴堡期的产物。

吴堡运动和三垛运动是苏北盆地构造发展史上两次重要的地质事件，前者继承了早期右旋拉张应力场的特点，使盆地由拗陷向断陷发展；后者区域应力场变为东西向挤压和南北向顺扭，使苏北盆地整体抬升，遭受长时期的强烈剥蚀。据声发射实测数据，吴堡运动期最大主应力为

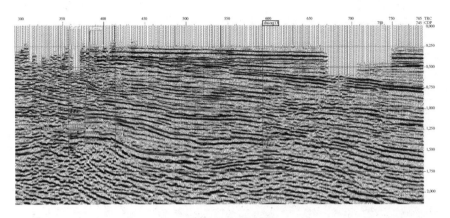

图 2-6　辉绿岩与断层分布图

32.8MPa 左右，三垛运动期最大主应力为 35.3～75.4MPa，三垛事件的强度比吴堡事件的强度大。辉绿岩侵入的规模受构造运动的强弱控制。从构造运动的强度变化来说，如果两次地质事件都导致了辉绿岩侵入，那么三垛运动期侵入的辉绿岩规模理应更大。但事实相反，上层辉绿岩体的厚度和分布范围都略小于下层辉绿岩体，这说明两套辉绿岩皆为三垛运动期侵入的。

2.1.4　辉绿岩与围岩的接触关系

辉绿岩侵入后与围岩的接触关系表现为两种。一种是辉绿岩顺层侵入，辉绿岩侵入上覆的沉积岩层中，呈岩床状态。与围岩平行、平坦接触，辉绿岩产状与地层产状基本一致，辉绿岩对地层产状影响较小。另一种是穿层侵入，辉绿岩侵入压力较大，在地层中发育断裂，辉绿岩按侵入阻力最小的部位侵入，形成了穿层现象（图 2-7、图 2-8）。

辉绿岩与断层的组合关系可作为定性判断辉绿岩侵入时期的依据。本区辉绿岩与断层在剖面上主要有以下几种组合形式。

（1）辉绿岩在断层两侧连续分布（图 2-9a），辉绿岩直接穿过断层。这种现象在上、下两套辉绿岩中均存在，是本区辉绿岩侵入最普遍的现象。这种现象形成的条件是构造活动在前，辉绿岩侵入在后。

（2）辉绿岩在断层两侧表现为正错断（图 2-9b），类似正断层特征，

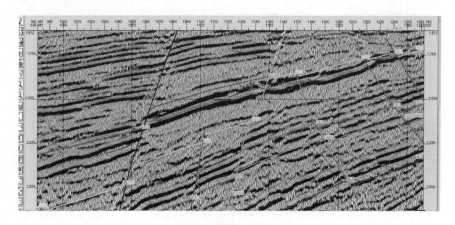

图 2-7　辉绿岩顺层侵入

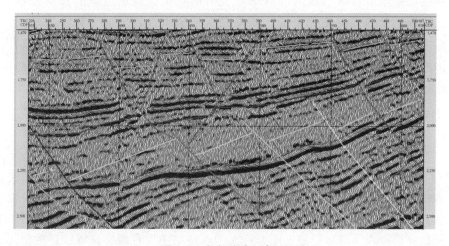

图 2-8　辉绿岩穿层侵入

辉绿岩在断层活动期之前或同期侵入。

（3）辉绿岩在断层两侧表现为逆错断（图 2-9c），类似于逆断层特征，断层两盘的辉绿岩不是同方向侵入，并且这两个方向的辉绿岩都穿插到断面处终止，则再向其他方向穿插。

（4）辉绿岩只分布在断层一盘，另一盘消失（图 2-9d），这种现象主要发育在北斜坡北部辉绿岩侵入的尖灭端。当辉绿岩侵入到断层部位时，断裂内的致密物质对辉绿岩继续侵入造成障碍，使辉绿岩侵入路径发生改变。

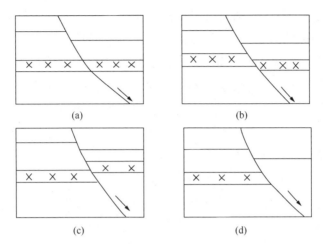

图 2-9　辉绿岩与断层的剖面组合图（据毛凤鸣，2000）

a—连续分布；b—正错断；c—逆错断；d—分布在断层一盘

本区张性断层发育，断层活动过程中形成的断层泥或疏松的物质成为辉绿岩侵入的良好通道，这种现象在北斜坡普遍发育。

辉绿岩从深凹带向浅层不断侵入，与地层或平行或穿插，并与断层形成多种组合关系（图 2-5）。

2.1.5　油气勘探

苏北盆地高邮凹陷是中国东部火成岩发育的主要地区之一，岩浆活动时代长，范围广，平面上时代最早的为晚元古代，最新的为新生代新近纪玄武岩体。本区玄武岩表现为分期分阶段喷发，其中新生代火山作用主要表现为基性玄武岩喷发和浅层的辉绿岩侵入。根据玄武岩喷发活动强弱与构造活动的关系，分为 K_2t-E_1f、E_2d-E_2s、Ny 三个阶段。其中以 E_1f_1、E_2s_2 及 Ny_1 三期活动最强烈。

钻井资料揭示该区域侵入岩多为浅层侵入岩，以辉绿岩为主，产状多呈岩脉、岩床侵入，顺层或穿层于围岩之间，单层厚度一般几米至几十米，厚度较大的达到一百至二百多米。侵入层位以阜宁组为主，其次为三垛、戴南组及泰州组，可能均为三垛期运动的产物。

研究发现，侵入岩的成岩过程与层状沉积岩差别较大。它们在侵入地层的过程中会造成区域的局部隆起，于上覆脆性地质体中产生拱张裂缝。在挥发份强烈聚集时浅成侵入体的顶部会发生隐爆作用，形成裂缝发育的隐爆角砾岩。在岩浆冷却过程中，岩体会由于体积的变化发生冷凝收缩，形成大量原生裂缝。在侵入岩与围岩的接触带附近，围岩与侵入岩均会受到不同程度和类型的接触变质作用，造成接触带附近岩石脆性增强，随后的冷却和后期的构造活动中容易发生破碎而形成接触破碎带。

当岩浆中的挥发份主要集中于岩体内部时，挥发份会对岩体进行强烈的交代蚀变，岩体强度明显下降，并在后期构造运动中发生破碎。由于侵入岩与地层多呈高角度接触，储集层常上翘和中止于侵入岩体的隆起部位，在缺乏裂隙的情况下，这些有利部位可形成侵入岩侧向隔挡型油藏。

本区侵入岩既有致密岩体，又有发育孔、缝储集空间的岩体，同时在侵入岩附近的围岩接触带多形成热接触变质岩，往往具有较好的储集空间。

目前，在许多井的钻探中，在侵入岩或其变质带中见到较好油气显示，其中在高邮凹陷沙 18 井辉绿岩变质带、瓦 2 井辉绿岩变质带、花 X16 井辉绿岩变质带等试获工业油流(表 2–2、表 2–3)。

表 2–2 高邮凹陷沙埝地区辉绿岩油气显示统计表

井号	层位	井段	油气显示	岩性	试油
沙 18	Ef_2	2604. 4～2625. 4m	有气测显示	辉绿岩	未试
沙 21	Ef_3	2230～2245m	荧光	辉绿岩	未试
苏 52	Ed_1	1580～1630m	油迹	辉绿岩	未试
苏 53	Ef_3	2045～2100m	有气显示	辉绿岩	日产油 1. 47m³

表 2-3　高邮凹陷沙埝地区辉绿岩变质带油气显示统计表

井号	变质岩显示井段	显示级别	气测/%	气测解释	电测解释	试油
沙 11 井	2357.0~2359.0m	荧光(录井)	0.406→2.241	油水同层	储集层	未试
沙 9 井	2869.0~2872.0m	油迹(录井)	0.04→0.14	水层		未试
沙 4 井	2744.2~2756.6m	油迹(录井)	0.36→9.8	油层	储集层	累计产油 2.5t、水 122.5m³
沙 18 井	2568~2587m		1.343→9.25	可能油气层	储集层	未试
	2604.4~2625.4m	含油→油迹(取心)	0.633→10.1	可能油气层	储集层	酸化、油 5.23t/d
沙 X21 井	2237.2~2239.2m		0.643→2.362	油气层		
	2242.8~2245.4m	油斑(井壁取心)	0.165→0.786	油干层		

2.1.6　样品与实验

本次重点研究层位是受下套辉绿岩顺层侵入影响的阜宁组(T_1f)地层。为查明高邮凹陷北斜坡地区阜宁组辉绿岩侵入部位岩性、岩相以及储层等特征,主要结合前人测井、地震等资料,重点利用取心资料进行分析研究。本次研究样品主要来自 9 口取心井,包括花 X16、沙 4、沙 7、沙 18、沙 19、庄 1、陈 6、瓦 2 及花 X17 井,取心井位置如图 2-2 所示,累积岩心样品 433.25m。对所有岩心进行了现场观察和描述,以初步了解裂缝发育和变质岩相特征。

选取涵盖不同变质程度的 50 余块变质岩样品和 20 余块辉绿岩样品进行孔、渗测试分析。样品首先用有机溶剂清洗除油污,然后烘干备用。将岩样切割成(25~30)mm×50mm 的岩样柱,通过高压气测 Permeameter/Porosimeter 仪器进行孔、渗测试,其中渗透率采用氮气稳定线性流方法进行测定。实验数据结果采集依据 2006 年石油工业标准(SY/T 5336—2006)。此外,对与变质砂岩处于相同层位、相近埋深的未受辉绿岩影响的砂岩岩心样品进行物性测定,以对两者进行比较分析。

为观察侵入岩及变质围岩的岩石学和孔隙特征，共制作 0.03mm 厚度的岩心薄片 288 个。利用茜红素 S 和氰化钾以 3：2 体积混合而成的溶液对薄片一半面积进行染色，以区分方解石和白云石。在真空条件下，对 132 个薄片注入蓝色树脂制作铸体薄片以观察孔隙特征。辉绿岩及变质围岩的组分、结构、构造等岩石学特征通过电子显微镜对 156 个薄片的观察得出。选取具有代表性的薄片利用点记法在单偏光或正交光下统计变质砂岩的碎屑颗粒、填隙物及孔隙的相对含量。

对新鲜样品进行扫描电镜观察以确定自生矿物矿物学特征和孔隙结构。扫描电镜采用德国 FEI 公司生产的 QUANTA 200F 型号仪器，并且连接背散射电子检测器。对新鲜的约指甲盖大小的岩性样块进行打磨、抛光和表面镀金处理后，置于样品室进行扫描成像，激发电压为 20kV。

选定新鲜样品进行定量 X-射线衍射分析，以确定黏土矿物类型以及杂基和胶结物的含量，样品粉碎至细于 200 目后以备用。衍射仪采用德国 Bruker AXS 公司生产的 D2 Phaser 仪器。数据采集条件为：初始狭缝 0.6mm，检测狭缝 8mm，扫描角 4.5°~50°，步长 0.02°，步时 0.6s。

2.2　松辽盆地南部

2.2.1　盆地构造与地层发育

松辽盆地位于中国东三省境内，呈北北东向展布，面积约为 26×10^4 km²，是中国东部最大的陆相含油气盆地。根据中生代时期构造演化、沉积发育特征及基底特征等，可以将盆地坳陷期划分为 6 个构造单元，包括：东北隆起区、东南隆起区、西南隆起区、北部倾没区、西部斜坡区以及中央坳陷区(图 2-10)。松辽盆地形成的直接动力来源于亚洲大陆板块与中生代时期的古大洋的聚合作用。根据其构造特征，可将盆地演化分为断陷、断坳转化、坳陷以及萎缩四个阶段，在该演化过程中，沉积了白垩系火石岭组至明水组地层(图 2-11)。其构造演化与地层发育特征分述如下。

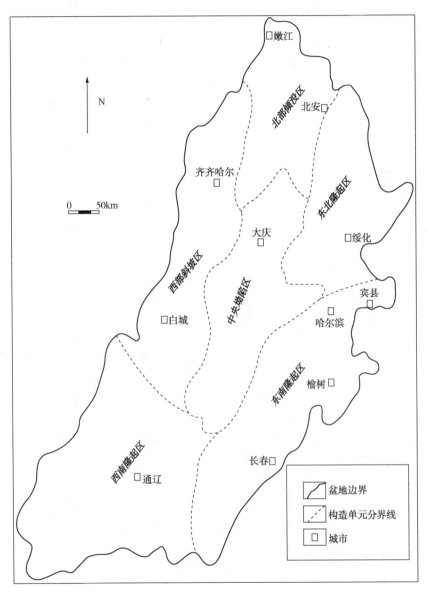

图 2-10 松辽盆地构造单元(据参考文献[73])

地层单元			地震反射界面	年龄/Ma	岩性柱	沉积相
系/统	组	段				
新近系	泰康					洪积相
	大安					河流相
古近系	依安		T02	65.5		滨湖相
上白垩统	明水 K_2m	二段		70.2		半深-深湖相
		一段		72.2		浅湖相
	四方台 K_2s		T03	79.1		滨湖相
			T03-1	80.4		河流-滨湖相
	嫩江 K_2n	五~二段	T04	81.6		滨湖-浅湖相
						半深-深湖相
		一段	T07			半深-深湖相
	姚家 K_2y	二、三段	T1	84.5		滨浅湖相
		一段	T1-1	85.8		三角洲相
	青山口 K_2qn	二、三段	T11	88.5		滨浅湖相
						半深-深湖相
		一段		90.4		半深-深湖相
	泉头 K_2q	三、四段	T2	92.0		河流-滨浅湖相
		一、二段				河流相
下白垩统	登娄库 K_1d	三、四段	T3	99.6		河流相
		一、二段				洪积相
	营城 K_1y	三、四段	T4	102		湖沼相
		一、二段				火山岩相
	沙河子 K_1sh	上段	T41	117		湖沼相
		下段				
	火石岭 K_1h	二段	T42	124		火山岩相
		一段	T5	130		湖沼相
早中生界及变质古生界						

砂砾岩　砂岩　粉砂岩　粉砂质泥岩　泥质粉砂岩　泥岩

安山岩　流纹岩　玄武岩　凝灰岩　页岩　油页岩

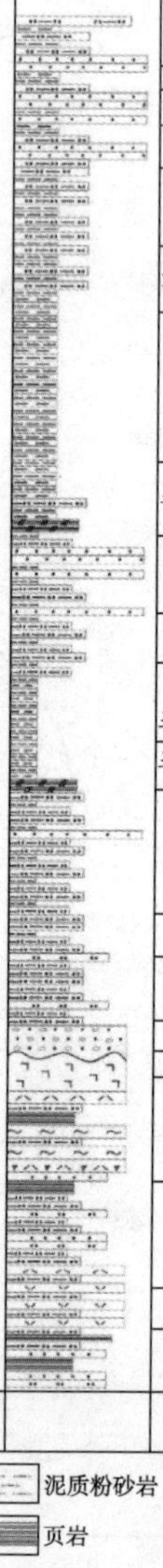

图 2-11　松辽盆地地层单元与沉积充填柱状图(据参考文献[73])

（1）断陷阶段。起于火石岭期，止于营城期早期。在早白垩世早中期，伊泽奈畸板块（135~110Ma±）由于俯冲带方向的转换造成应力变弱，在松辽盆地发生了强烈的构造断裂，逐渐演化出了四十多个大小不一的断陷盆地。松辽盆地东部发育似箕状的半地堑为主，主要控制盆地发展的断裂通常为东向倾斜的、具有上陡下缓特征的犁状断层，整体上形成东超西断的构造样式，表明盆地的形成以近东—西向伸展作用为主。但是在松辽深层中部，往往形成初始坳陷盆地（如乾安—长岭凹陷），断裂控盆作用并不明显。该阶段沉积地层包括火石岭组（K_1h）、沙河子组（K_1s）以及营城组（K_1y）一、二段。火石岭组（K_1h）岩石建造主要为火山碎屑岩，夹有多层喷发性岩类，其底部和中部发育中酸性火山岩，而上部则主要发育凝灰岩及凝灰质角砾岩，中部以灰黑色砂岩、粉砂岩、泥岩和砂砾岩为主；沙河子组（K_1s）主要发育粉砂岩和深色泥岩，在底部常见凝灰中角砾岩或灰岩，主要为湖沼相沉积；营城组（K_1y）一、二段主要出现于盆地中、东部深洼断陷中，该阶段岩石建造发育的特点是喷发性岩浆岩从东部向中部迅速减少，逐渐过渡为陆源供给的碎屑岩。

（2）断坳转化阶段。发生于营城晚期。该阶段仍然以发育中性到酸性岩浆岩为主，说明在营城组伊始阶段，基底在构造运动下重新被切割分裂，与之同期发生的是剧烈且频繁的岩浆活动。营城组流纹岩广泛分布，反映营城期地幔隆起较高。由于大规模岩浆喷发造成地幔热量的亏损，致使营城期以后岩石圈冷却，引发松辽盆地大规模坳陷，因此营城组时期是一次盆地演化重要转折期。

（3）坳陷阶段。起于登娄库期，终止于嫩江期，约100Ma时期。基底岩石圈冷却继而发生热收缩，之前被构造活动分割的断块整体开始进入凹陷时期，开始发育统一的沉积盆地，继而进入松辽盆地沉积的繁盛期：登娄库组—泉头组时期的大面积沉积覆盖了之前的许多断阶带和隆起斜坡带，嫩江组甚至一度跨越了佳木斯古隆起的大部分面积。该阶段沉积登娄库组（K_1d）、泉头组（K_1q）、青山口组（K_2q）、姚家组（K_2y）以及嫩江组（K_2n）。登娄库组（K_1d）岩石建造主要为深绿、灰绿、褐色以及杂色砂（砾）岩、粉砂岩，局部含煤质，登楼库时期沉积范围小，主要出现于松辽盆地中、东部；泉头组（K_1q）岩石建造主要为含铁质砂、泥岩与浅色砂岩、泥质砂岩组成的碎屑沉积；青山口组（K_2q）岩石建造主要为泥页岩和粉砂质泥岩，部分层位夹油页岩和浅色砂岩，其中青一段主要以细粒暗色泥页岩为主，而青二、三段沉积粒度显著变粗：在盆地中心部位仍然为灰黑色泥岩细粒沉积，但是东部边缘部位发育粗粒的杂色砂岩，西部边缘发育粗粒浅色砂岩，在部分边缘部位可见到大颗粒的砾岩；姚家组(K_2y)属于晚白垩世沉积，与青山口组相似，岩性也具有三分特点，其中姚一段在沉积盆地中心部位发育辉绿、棕红泥岩，在边缘则主要为巨厚层砂砾岩，姚二、姚三段在沉积盆地中心部位发育暗色泥页岩加油页岩或粉砂岩，在西部边缘发育砂岩夹泥质粉砂岩，在南部、东部边缘发育褐红色泥岩；嫩江组(K_2n)可划为五个岩性段，其中嫩一、嫩二段发育深色泥岩，是主要的生油层系，嫩三段—嫩五段仅在中部部分残留，主要为粉砂岩与细砂岩互层，而在其他部位普遍被剥蚀。

（4）萎缩阶段。嫩江组沉积末期，欧亚板块的东部边缘由于古太平洋板块俯冲作用而处于挤压状态，继而造成松辽盆地整体步入缩小消亡时期。嫩江时期的构造运动抬升基底，从而使得松辽盆地湖盆面积开始迅速减小。但是在基底抬升的大环境下，松辽盆地东缘部位出现不均一隆起，导致沉积中心逐渐向盆地西部延伸。在该时期，整体上沉积速率较小。在俯冲挤压的构造环境下，应力作用使得盆地由东部向西部发生逆冲，继而盆地内部在挤压背斜带出现区域构造反转。由此盆地开始逐渐萎缩消亡，之后在平坦的极浅水环境，沉积了新生代的类磨拉石建造。该阶段发育四方台组(K_2s)和明水组(K_2m)沉积。四方台组(K_2s)主要发育褐红色泥岩及砂质泥岩，在全盆地范围内均发育。明水组(K_2m)可以分为两段，即明一段和明二段，明一段发育褐色泥岩与暗绿砂（砾）岩互层，明二段为褐色、灰绿泥岩与砂岩互层，在全盆地内均发育。

2.2.2 岩浆活动

在中国东部地区，由于中—新生代板块俯冲异常强烈，导致岩浆岩非常活跃，从而使得沉积地层夹杂大量岩浆岩，其中松辽地块最具代表性。松辽地块自中生代以来先后经历了印支运动和燕山运动，所形成的深断裂沟通地壳深部导致岩浆喷涌，从而在松辽地块上形成了岩浆岩活动痕迹。

松辽盆地南部中生代岩浆活动事件主要记录在四个连续层位，即从火石岭组（K_1h）到青山口组（K_2q）。松辽盆地南部地层有丰富的岩浆岩频繁活动证据，例如：在嫩江组下部夹有沉凝灰岩；在泉头组—青山口组发育大量玄武岩、橄榄玄武岩夹层；火石岭组、营城组等发育有中、酸性安山岩、流纹岩夹层。早白垩世火石岭组发育的火山岩组合以玄武质安山岩-粗安岩为主，此外还发育少量粗面英安岩，火石岭组火山岩的碱性组分含量明显偏高，岩石组合更接近于活动陆缘的构造背景的特征。在营城组时期，火山岩的岩石组合类型为基性玄武岩-中基性玄武质安山岩-粗安岩-酸性流纹岩，以广泛出现流纹岩为主要特征。营城组沉积时期夹杂大量的喷发岩反映了强烈拉张环境的存在。纵向上，各类火山岩主要分布在较深部位。在南部岩浆岩活动繁盛时期，其最大特点是喷发性岩浆岩与火山碎屑岩呈互层状发育。在火山休眠期开始沉积陆源碎屑岩，而在火山岩活动不发育地区，则主要为陆源碎屑岩沉积夹杂火山碎屑岩。在火石岭组时期，岩浆喷发延续时间长并且异常活跃，因此喷发岩建造发育厚度巨大。相对而言，在沙河子组时期，火山活动不活跃，偶尔在局部地区零星钻遇到厚度较薄的凝灰岩层，整体上以发育陆源碎屑沉积为主。而到了营城组发育时期，岩浆喷发活动开始复苏，在盆地内形成了十余套厚度大于20m以上的凝灰岩，整体上火山碎屑岩较发育。松辽盆地内火山岩的纵向发育特征揭示了该地区中新生代岩浆活动具有多旋回、多期次以及沉积韵律复杂的特点。

2.2.3 团山子采石场露头概况

本次研究露头位于吉林省四平市境内的团山子采石场（图2-12a），辉绿岩岩体出露长约1km，宽约0.2km。本次露头观察区长约20m，高约10m，实地勘察从下至上依次出露辉绿岩、角岩、变质砂岩、第四系黏土层，表面风化作用强烈（图2-12b）。前人研究表明该处露头围岩为上白垩统泉头组（K_2q），辉绿岩侵入时期为晚白垩世，并且侵入时期围岩处于半固结状态。

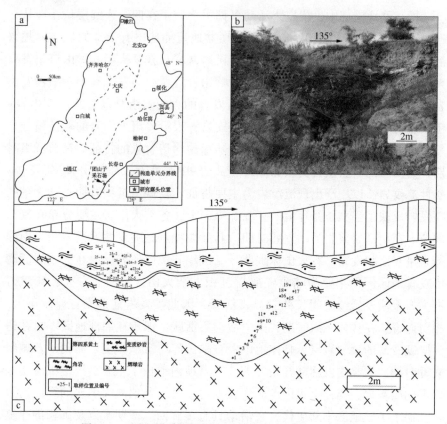

图 2-12　团山子采石场露头地理位置、剖面形态及取样
a—团山子采石场露头地理位置；b—露头剖面形态；c—取样位置

2.2.4　样品采集与实验

为查明辉绿岩侵入对上覆围岩的改造作用，对上覆变质围岩进行了密集连续取样。取样采用 31mm 口径便携式取样机(STS-31)，每次进尺 1.2m，共采集角岩和变质砂岩样品分别 20 块，取样位置及样品编号见图 2-11c。对下覆侵入体则选取新鲜面采集了 5 块手标本样品。另外，对表面出露"气孔-杏仁"构造(见第 4 章)的角岩，收集了完整包括该结构的手标本。

为确定岩石学特征，对所有样品切制薄片近 100 片。对其中 40 个砂岩采用骨架碎屑成分点记法进行统计，每个薄片统计 300 个点。同样，对 20 个角岩薄片采用点记法统计自生绢云母含量。为确定围岩矿物组成、黏土矿物组分、角岩"杏仁体"成分以及观察孔隙类型，对所有角岩样品和大部分砂岩样品进行了 X-衍射成分分析（包括全岩分析和黏土矿物定量分析）、扫描电镜分析和电子探针分析。样品研磨至粉末状（大于 200 目）进行 X-衍射分析。所有样品制备两份，其中一份利用离心机和超声波震荡方法分离黏土矿物，烘干后进行黏土矿物定量分析。仪器为 Bruker AXS-D2 型衍射仪，数据收集参数为：入射狭缝 0.6mm，检测缝 0.8mm，扫描角 $2\delta 4.5° \sim 50°$，步长 $0.02°$，步时 0.6s。扫描电镜和电子探针分析时，样品进行抛光镀金处理，仪器为 FEI 公司 QUANTA 200F 型扫描仪，扫描电压 20kV。为确定角岩中碳酸盐矿物的来源，对角岩样品中微裂缝和杏仁体中碳酸盐矿物进行碳、氧稳定同位素分析。按常规磷酸法制得 CO_2 气体，经提纯后利用 Finnigan-MAT252 同位素质谱仪检测，分析误差为 $\delta^{13}C<0.1‰$，$\delta^{18}O<0.2‰$。为确定石英次生加大边形成时所经历的流体温度，对近 50 个双面抛光厚度为 0.5mm 的薄片进行观察，共计找到 14 个气液两相包裹体，利用 Linkam THMS-600 型冷热台进行包裹体测温，分析误差小于 0.5℃。

第3章

高邮凹陷北斜坡阜宁组辉绿岩及其围岩特征

3.1 岩石学特征

3.1.1 辉绿岩

研究部位侵入岩为基性、浅成辉绿岩，呈深灰—黑色(图3-1a)，主要由辉石和基性长石组成，具典型辉绿结构(图3-1b)，广泛绿泥石化后具有次辉绿结构。岩石成分中斜长石约占40%~60%，呈柱状，杂乱排列，在斜长石形成的格架中充填着辉石、绿泥石和铁矿等。辉石约占20%~45%，呈它形粒状；绿泥石+蛇纹石13%~25%；部分含伊丁石1%~5%；含磁铁矿约2%，呈针状、粒状等。有少量溶蚀孔分布，并且有些在边部的辉绿岩岩石表面完全绿泥石化，仅保留原岩外部轮廓。辉绿岩特征总结如表3-1所示。

表3-1　辉绿岩特征表

井号	深度/m	岩性	岩石学特征
沙4	2775.66	辉绿岩	辉绿结构。斜长石50%~55%，呈长柱状，杂乱排列，在斜长石形成的格架中充填着它形辉石和铁矿。辉石42%~45%，它形粒状，部分表面较新鲜，部分表面已绿泥石化。铁矿3%~5%，含少量绿泥石，次生产物，局部地方富集，见少量溶蚀孔隙
沙4	2776	辉绿岩	
沙4	2776.18	辉绿岩	
沙4	2776.38	辉绿岩	
沙4	2776.68	辉绿岩	
沙4	2776.98	辉绿岩	
庄1	1580.84	绿泥石化辉绿岩	其中的绿泥石化辉绿岩为次辉绿结构，间粒结构。斜长石40%，呈柱状，少量呈针状，杂乱排列，表面风化强烈，大部分只保留其外形轮廓，在斜长石形成的格架中充填着辉石、绿泥石、磁铁矿等。辉石20%~38%，它形粒状，少量呈柱状。绿泥石20%~37%，次生产物。磁铁矿3%以内，次生产物
庄1	1581.69	绿泥石化辉绿岩	
庄1	1602.94	辉绿岩	
庄1	1603.79	辉绿岩	
庄1	1605.25	辉绿岩	
庄1	1607.05	辉绿岩	

井号	深度/m	岩性	岩石学特征
庄1	1608.7	辉绿岩	辉绿岩为辉绿结构。斜长石40%～45%，呈柱状，
庄1	1610.36	辉绿岩	杂乱排列，在斜长石形成的格架中充填着辉石、绿泥
庄1	1611.11	辉绿岩	石、铁矿等。辉石30%～40%，它形，表面较新鲜。
庄1	1612.45	辉绿岩	绿泥石+蛇纹石20%左右，次生产物，呈块状或不规
庄1	1614.08	辉绿岩	则状。伊丁石2%～3%，磁铁矿1%～3%。局部地方见
庄1	1664.53	绿泥石化辉绿岩	碳酸盐化

3.1.2 变质泥岩

按不同距离和变质程度，变质泥岩的类型主要有板岩和角岩。板岩是泥岩低级变质的产物，由距离侵入岩较远的泥岩变质而成，是研究区最主要的一种岩石类型。板岩以变余泥质结构、变余粉砂泥质结构和变晶结构为主，具显微水平层理构造；成分主要为泥质，含量在55%～95%之间，主要分布在90%左右，还有少量的砂质、粉砂质、铁质等。泥质呈星点状、隐晶状、纤维状分布，部分由隐晶变质矿物组成，其中泥质常见绢云母化或绿泥石化(图3-1c)，部分变质结晶较强烈转换为透辉石。此外，研究区还常见千枚状板岩和灰质板岩。千枚状板岩是比板岩变质程度稍高的变质岩，其泥质绢云母化更明显；灰质板岩形成是因为原岩泥岩中含较多的灰质成分，变质后有变余泥质或粉砂泥质结构。角岩由距离侵入岩较近的泥岩变质而成，是泥岩的中级接触变质产物，呈(显微)变晶结构，显微水平层理构造，由变质矿物组成。变质矿物则由隐晶状矿物(主要为透辉石)、放射状的红柱石和堇青石组成，少量砂质分布其中(图3-1d)。

3.1.3 变质砂岩

变质砂岩变质程度较低，一般与正常砂岩没有太大区别，多数分布于阜三段储层中，主要为变质岩屑长石质石英砂岩，其碎屑组分中石英含量占63%～73%，长石15%～22%，岩屑12%～18%，主要粒径0.05～0.2mm，分选好，磨圆次棱角—次圆状，颗粒支撑，点接触至线接触，接触式胶结或孔隙—接触式胶结，杂基主要是泥质，在3%～10%之间，呈星

49

点状、纤维状、薄膜状，大部分已绢云母化或绿泥石化（图 3-1e），胶结物主要是碳酸盐，为 1%~15%，方解石居多，呈粉晶—细晶状、不规则状，具云质环边（图 3-1f）。还可见锆石、电气石、石榴石、磁铁矿、白钛矿等。当长石岩屑质石英砂岩中杂基增大到 15%以上，则形成变质长石岩屑质石英杂砂岩，变质杂砂岩分布较少。

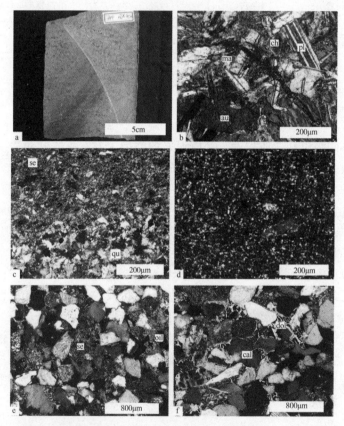

图 3-1　高邮凹陷北斜坡阜宁组辉绿岩及其围岩岩石学特征

a—辉绿岩岩心，颜色呈灰黑，绿泥石化而显绿色斑点，沙 4 井，2776.45m；b—典型辉绿结构，斜长石呈柱状杂乱排列，在斜长石形成的格架中充填着辉石、绿泥石、铁矿等，庄 1 井，1612.45m，正交光；c—千枚化板岩，绢云母化程度较高，并含有砂质，沙 7 井，2668.60m，正交光；d—角岩变晶结构，岩石由变质矿物组成，变质矿物由隐晶变质矿物（主要为透辉石）和粒状或斑块状董青石组成，沙 7 井，2671.30m，正交光；e—变质砂岩，泥质杂基绢云母化，原油充注，陈 6 井，2006.56m，正交光；f—变质砂岩胶结物，主要为方解石，白云石呈云质环边，陈 6 井，2005.8m，染色薄片，正交光。au—辉石；pl—斜长；ch—绿泥石；ma—磁铁矿；se—绢云母；qu—石英；oil—原油；cal—方解石；dol—白云石

3.2 岩相分带特征

3.2.1 地震及测井响应特征

当辉绿岩侵入体较厚时(大于 20m)，在地震反射剖面上表现为连续性好、频率低、振幅强的特征(图 3-2)。而当辉绿岩厚度较薄时通常无明显反射特征。变质带的反射特征取决于辉绿岩厚度，在地震剖面上没有固定的反射特征。

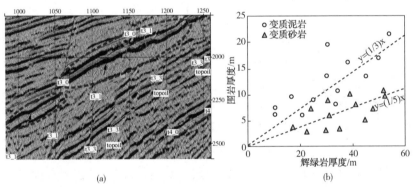

(a)　　　　　　　　　　(b)

图 3-2　高邮凹陷北斜坡地区较厚辉绿岩侵入体地震反射特征(a)
及其与接触变质围岩厚度关系(b)

辉绿岩在测井响应上通常表现为：自然电位一般无明显负异常，自然伽马表现为低平特征，电阻率曲线一般为高阻，声波时差曲线呈低值。变质带与辉绿岩电性特征相比，自然电位通常有明显的负异常，自然伽马表现为明显高值，电阻率曲线为高值段，但是一般较辉绿岩低，声波时差较辉绿岩略高(图 3-3)。

研究区辉绿岩厚度变化范围大，从几米到两百多米，钻井岩心统计平均厚度约为 50m，其外变质带发育厚度与辉绿岩规模呈较好线性关系，一般变质泥岩和变质砂岩的厚度分别约为侵入体厚度的 1/3 和 1/5(图 3-2)。

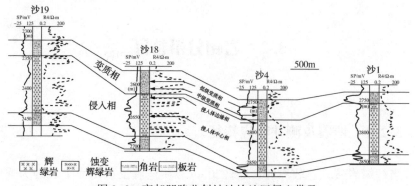

图 3-3　高邮凹陷北斜坡沙埝地区侵入带及
接触变质带岩相分布及测井特征(位置见图 2-2)

3.2.2　岩相特征

根据岩浆冷凝和围岩变质特征，纵向上可分为侵入相和变质相，侵入相进一步分为侵入岩体中心相和侵入岩体边缘相，而变质相进一步分为中级变质相和低级变质相(图 3-3)。

(1) 侵入体中心相。中心相分布在靠近岩体中心部位，是辉绿岩侵入体的主体，在研究区发育平均厚度约 60m，约占侵入体厚度的 4/5，岩性主要为未蚀变的辉绿岩。侵入体中心相在冷凝成岩过程中，热量散失较缓慢，温度下降速率较慢，结晶程度较好，通常岩性致密，主要孔隙是结晶过程中形成的晶间孔缝。

(2) 侵入体边缘相。边缘相分布在侵入体的边缘部位，相比中心相，其厚度较小，通常小于 10m，约为侵入体厚度的 1/5，岩性主要为蚀变辉绿岩(图 3-1b)。边缘相直接与泥岩围岩接触，冷凝速度快，多形成微晶—细晶结构。同时，快速冷凝形成冷凝节理，冷凝节理下切深度可以作为边缘相与中心相的划分标志。边缘相又可分为上部自碎角砾带和下部气孔带。自碎角砾带是由于侵入体外表面与泥岩围岩接触冷凝而首先固结成硬块，硬块继而被下覆继续流动的岩浆搓碎形成。研究区自碎角砾带发育厚度很薄，一般小于 2m，呈较大不规则角砾团块状(图 3-4a)，具有较好的原始孔隙，但很容易被后期涌入的岩浆灌注填充；气孔带位于自碎角砾带下部，由于岩浆挥发组分逸逸和快速冷凝结晶而形成较多气孔

52

(图 3-4b)，且自中心向边缘有增多的趋势，并且气孔杏仁充填程度较低。边缘相通常结晶差，并且容易受后期改造，有较好孔缝系统。

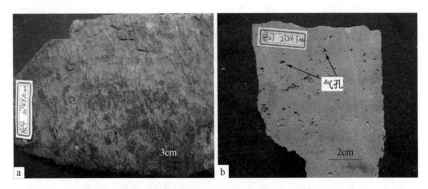

图 3-4　高邮凹陷北斜坡阜宁组辉绿岩侵入岩相特征

a—自碎角砾结构，辉绿岩，安 4 井，2749.10m；b—气孔结构，辉绿岩，安 23 井，2324.30m

（3）中级变质相。中级变质相分布在紧邻侵入体部位，发育厚度一般约10m，岩性主要为角岩(图 3-1d)。角岩带发育大量变质结晶形成的微裂缝和溶蚀微孔，并且在后期热液作用和构造应力作用下，可发育大量的裂缝系统。

（4）低级变质相。低级变质相分布在远离侵入体部位，一般距离大于10m，厚度约为中级变质相 2 倍(图 3-3)，逐渐向正常泥岩过渡。岩性主要为变质程度逐渐递变的板岩(斑点板岩、炭质板岩、千枚化板岩等；图 3-1c)。相比中级变质相，低级变质相岩性变质结晶不强烈。

3.3　储集空间特征

3.3.1　辉绿岩储集空间

（1）原生气孔。岩浆中富含挥发分，在上升运移过程中，由于压力降低而集中在侵入岩岩体边缘部位。在冷凝边顶部，岩浆熔体冷却速度快导致矿物结晶程度差，因此气孔能够被保留下来；与之相反，中心带部位岩浆熔体冷凝速率缓慢，由于矿物晶体的完全发育而占据原先气孔空间。因此，侵入岩体顶部通常气孔较为发育（图 3-4b、图 3-5a）。原生气孔连通性差，但在后期构造运动或溶蚀改造后，连通性变好。

（2）冷凝裂缝。岩浆熔体在冷却过程中，岩体由于中心和边缘温度下降速度差异而发生收缩，继而破碎而形成开启裂缝。冷凝裂缝通常近乎垂直于岩体的冷凝面，主要以高角度、水平或竖直节理等形式产出（图 3-5b）。

（3）溶蚀孔隙。辉绿岩中的长石、辉石等主成分矿物在热液流体作用下发生蚀变或溶蚀，从而形成溶蚀孔隙（图 3-5c）。此外，由辉石颗粒蚀变形成的黏土颗粒较容易在流体作用下发生迁移，从而有利于次生孔隙形成。溶蚀孔隙主要有节理面溶蚀扩大形成的溶洞，矿物边缘溶蚀形成的晶间微溶孔，长石、辉石中形成的晶内溶孔和晶内、晶间微缝。如果冷凝过程中释放出的较多的热液排泄不畅通，则增加了孔隙中 C—H—O 含量而促进溶蚀作用的发生。溶蚀作用是孔隙度增大的主要原因之一。

（4）微孔。所见微孔主要为晶间微孔，分布很广，但所贡献的储集空间甚微。微孔可与微裂隙或收缩缝连通（图 3-5d）。

（5）收缩微缝。收缩微缝是在结晶固化的过程中，晶体体积收缩，而形成的一种成岩缝（图 3-5e）。在辉绿岩黏土化后，收缩产生了微缝。

（6）构造裂缝。辉绿岩形成后，在构造应力作用下形成构造缝（图 3-5f）。构造缝多具有方向，成组出现，延伸较远、切割较深，裂缝相对平直，呈断续状、平直状、局部弯曲状发育展布，一般不完全充填。裂缝本身储集空间不大，但可将其他孔隙连通起来，大大改善了储集性能。

3.3.2　变质泥岩储集空间

（1）构造裂缝。构造裂缝是泥岩固结成岩后在构造应力（如侵入体挤压）作用下形成的缝隙。构造缝在本区普遍发育，呈近于平行延伸，一般成组出现，可相互切割，多为泥质、石英、方解石等半充填，呈开启未充填的构造缝相对较少（图 3-6a）。

（2）热液微裂缝。岩浆体侵入围岩沉积岩中释放大量高矿化度流体；此外，高温对泥岩围岩的烘烤使其发生脱水、脱碳作用。短时间内形成的高温、高压热液向围岩中快速排泄，当热液流体压力超过岩石破裂极限应力后，必然在脆性变质泥岩围岩中形成张裂缝。久而久之，形成了大量热液成因微裂缝。研究区变质泥岩中微裂隙沿一定优势方位排列，呈网状、交叉状、分支状、平直状、尖灭状发育展布，裂缝宽度1~10μm，延伸0.5~1mm(图3-6b)。热液微缝由于连通性较差而孔、渗性极差，但在后期改造后(如溶蚀)形成较好的储集空间和渗流通道。

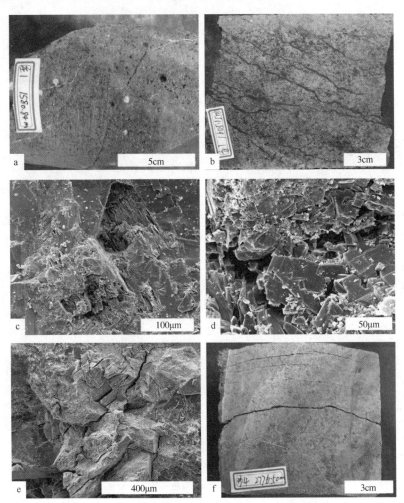

图3-5　高邮凹陷北斜坡地区阜宁组绿岩侵入体储集空间

a—原生气孔，庄1井，岩心样品，1580.84m；b—冷凝裂缝，高角度节理产出，庄1井，岩心样品，1605.15m；c—长石颗粒溶蚀形成溶蚀孔，沙4井，2776.98m，扫描电镜；d—晶间孔，与微裂隙相通，庄1井，1580.84m，扫描电镜；e—收缩裂隙，庄1井，1608.70m，扫描电镜；f—构造裂缝，成组出现，延伸远，切割深，沙4井，岩心样品，2776.50m

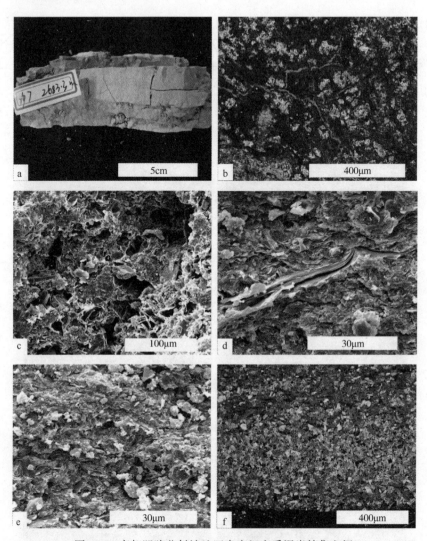

图 3-6　高邮凹陷北斜坡地区阜宁组变质泥岩储集空间

a—构造裂缝相互切割，沙 7 井，岩心样品，2683.30m；b—董青石角岩中热液微裂缝呈交叉
状、分支状，尖灭状展布，沙 18 井，2624.18m，蓝色铸体，单偏光；c—收缩缝切割早期形
成的微裂隙，使之相互连通，沙 7 井，2668.80m，扫描电镜；d—云母片解理缝，沙 4 井，
2866.15m，扫描电镜；e—变质泥岩晶间微孔，不具有连通性，沙 4 井，2866.15m，扫描电
镜；f—千枚化板岩自生黏土矿物质点中发育微溶孔，沙 7 井，2667.95m，蓝色铸体，单偏光

（3）收缩缝。收缩缝主要发育在板岩和角岩中，在泥质杂基含量较多
的变质砂岩中也可见发育。板岩中大量发育收缩缝是孔隙度增大的主要原

因之一，板岩中可见一些保存较好的收缩缝，宽 5~20μm，延伸 1~2mm，有一定连通性(图 3-6c)。由于收缩缝主要形成于温度降低之后的冷凝成岩过程中，因此可以切割早期形成的微裂隙，使它们之间相互连通。

（4）解理缝。解理缝是由于长石或云母等矿物在外力作用下而形成，沿矿物解理线分布，在电镜下可观测到长石和云母的解理缝(图 3-6d)。此类孔隙一般为不含烃的无效孔隙，对渗透率贡献极小。但沿解理缝、面可发生溶解作用。

（5）晶间微孔。此类微孔一般是由于矿物结晶形成。晶间微隙在板岩，角岩和粉砂岩杂砂岩中较发育，孔隙极为细小，在扫描电镜下才可辨认出(图 3-6e)。晶间微孔虽可形成很大的孔隙度(有时可达 30%)，是变质带岩石孔隙度增大的主要因素之一，但由于孔隙半径太小，连通性差，往往渗透率很低。

（6）微溶孔。微溶孔大量发育在低级变质带板岩中。在杂基中或自生的黏土矿物质点中(图 3-6f)，微溶孔的存在增加了孔隙度，但其对改善渗透率的作用却非常有限。

3.3.3　变质砂岩储集空间

（1）原生粒间孔。原生粒间孔隙主要发育于陈 6 井低级变质带的浅埋砂岩中，砂岩孔喉连通性很好(图 3-7a)，显微镜观察均有油气显示。而在其他井 2500m 深度左右的变质带储层中，原生孔隙并不太发育。

（2）粒间溶孔。主要为颗粒边缘及粒间胶结物和杂基溶解所形成的分布于颗粒之间的孔隙。形态多样，呈港湾状、伸长状等。粒间溶蚀孔往往是在原生粒间孔或其他孔隙的基础上发展起来的，在变质带中广泛发育(图 3-7b)。

（3）粒内溶孔。研究区粒内溶孔多由易溶矿物(如长石)和含有易溶矿物的岩屑被部分溶蚀后形成(图 3-7c)。长石粒内溶孔见于长石碎屑颗粒中，发育于长石颗粒的边缘和内部，是溶蚀作用沿长石边缘、解理缝、双晶缝进行溶蚀作用的结果。岩屑粒内溶孔见于含长石的岩屑和碳酸盐胶结的砂岩、粉砂岩岩屑内及其边缘，是其中的长石矿物和碳酸盐矿物溶蚀作用的结果，在低级变质带的砂岩中普遍发育。

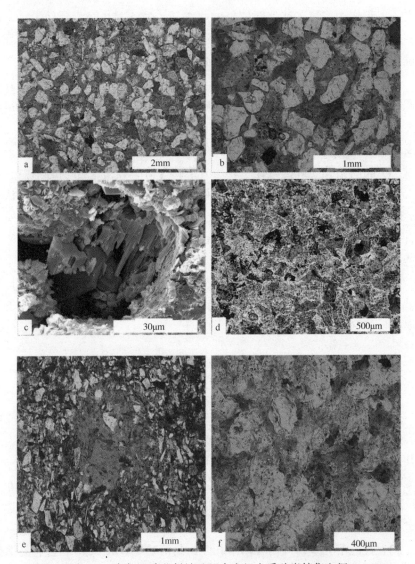

图 3-7 高邮凹陷北斜坡地区阜宁组变质砂岩储集空间

a—原生粒间孔，颗粒点接触，孔隙度好，陈 6 井，2005.83m，蓝色铸体，单偏光；b—粒间溶
孔由原生粒间孔与粒间胶结物溶蚀加大形成，孔隙度好，陈 6 井，2005.83m，蓝色铸体，单偏
光；c—长石颗粒溶蚀形成粒内溶孔，溶孔内分布有残余的高岭石与绿泥石，沙 4 井，
2468.05m，扫描电镜；d—铸模孔保留了溶蚀组分的外形，沙 7 井，2664.81m，蓝色铸体，单
偏光；e—超大孔，花 X16 井，2004.83m，蓝色铸体，单偏光；f—微溶孔，与变质泥岩微溶孔
特征相似，花 X16 井，2482.08m，蓝色铸体，单偏光

（4）铸模孔。铸模孔由易溶组分全部被溶蚀而形成（图3-7d）。本区碎屑岩中的铸模孔多数是长石和岩屑全部被溶蚀的结果，可隐约见到颗粒外形和解理等，多见于杂基内和砂岩的细碎屑中。

（5）超大孔。溶孔的孔径超过了相邻颗粒直径，超大孔内的颗粒、胶结物和交代物等都被溶解，一般在原有孔隙的基础上溶蚀形成的复合孔隙（图3-7e）。

（6）微溶孔。变质砂岩中泥质杂基含量较高时，和变质泥岩一样发育大量微溶孔（图3-7f）。

3.4　储层物性特征

3.4.1　辉绿岩储层特征

辉绿岩储层储集物性差，非均质性强，样品渗透率值普遍小于 $1 \times 10^{-3} \mu m^2$，孔隙度普遍小于10%。整体上孔、渗无指数关系（图3-8a）。在孔隙度小于2%的样品中，孔-渗略呈指数正相关，但孔、渗非常小，难以作为好的储层。在裂缝发育的储层中，孔缝互相连通才能成为较好的渗滤通道。在铸体中可见辉绿岩黏土化后收缩产生一些微缝，宽 $2\mu m$ 左右，同时可见裂缝发育，以 $5 \sim 10 \mu m$ 为主，呈平直状、断续状、尖灭状发育展布，后期未见充填。由于岩心破碎没有进行裂缝定量描述，但从孔、渗关系交会图可推测，正是由于裂缝的发育，使得孔、渗关系规律破坏，出现孔隙度极小而渗透率相对较大的情况（图3-8a）。发育的裂缝系统是辉绿岩储层改善的重要因素。

3.4.2　变质泥岩储层特征

变质泥岩储层整体物性较差，非均质性较强。变质泥岩孔隙度一般小于25%（平均值为9.15%），渗透率一般小于 $10 \times 10^{-3} \mu m^2$（平均值为0.39 $\times$

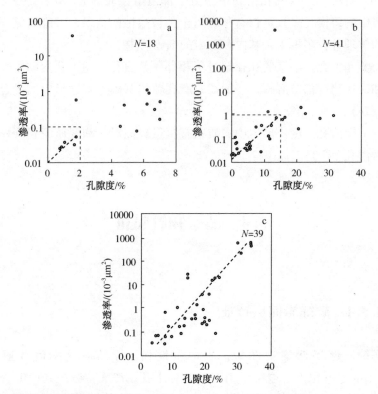

图 3-8　高邮凹陷北斜坡阜宁组辉绿岩及其接触变质岩储层孔-渗关系图

a—辉绿岩储层；b—变质泥岩储层；c—变质砂岩储层

$10^{-3} \mu m^2$）。整体上，孔、渗指数关系不明显。在孔隙度小于 12% 范围内孔、渗呈指数关系；但在孔隙度大于 12% 区域，渗透率随着孔隙度的增加而明显变高（图 3-8b）。与辉绿岩储层特征类似，变质泥岩中发育的裂缝系统是渗透率急剧增大的主要因素。如沙 7 井 2673.7m 处角岩样品中发育较大裂缝，其孔隙度为 13.2%，渗透率则达到 $3770 \times 10^{-3} \mu m^2$。

　　变质泥岩距侵入体距离不同导致变质程度不同，储层物性相差较大：角岩相带（中级变质带）物性特征明显优于板岩相带（低级变质带）（图 3-9a、b）。板岩与角岩部分物性数据统计如表 3-2、表 3-3 所示。

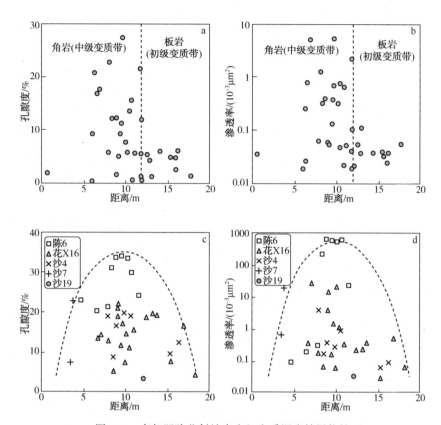

图 3-9　高邮凹陷北斜坡阜宁组变质泥岩储层物性

（a、b）及变质砂岩储层物性（c、d）与距离辉绿岩侵入体关系图

表 3-2　变质带板岩分布及物性统计表

井号	深度/m	岩石名称	变质带	孔隙度/%	渗透率/（10⁻³ μm²）
沙 4	2863.70	板岩	下变质带	1.20	0.0190
沙 4	2864.05	板岩	下变质带	0.70	0.0218
沙 4	2866.15	板岩	下变质带		
沙 7	2682.25	板岩	上变质带		
沙 7	2682.60	板岩	上变质带		
沙 7	2682.90	板岩	上变质带		
沙 7	2683.54	板岩	上变质带		
沙 18	2622.64	板岩	上变质带	12.20	0.3300

续表

井号	深度/m	岩石名称	变质带	孔隙度/%	渗透率/ ($10^{-3}\mu m^2$)
沙18	2623.14	板岩	上变质带	5.50	0.0633
沙18	2623.34	板岩	上变质带		
沙18	2624.95	板岩	上变质带	0.10	0.0197
沙19	2329.99	板岩	上变质带	1.10	0.1090
沙19	2334.04	板岩	上变质带	1.60	0.0586
沙19	2334.93	板岩	上变质带	22.70	1.1600
沙19	2336.40	板岩	上变质带	16.70	0.7630
庄1	1569.35	板岩	上变质带	27.30	0.6740
庄1	1572.70	板岩	上变质带	20.70	0.2430
庄1	1665.19	板岩	下变质带	1.80	0.0355
庄1	1665.62	板岩	下变质带	31.50	0.9600
陈6	2003.11	板岩（含油）	下变质带	9.10	0.0265
花X16	2565.35	板岩（含油）	下变质带	5.70	0.0493
沙18	2620.25	板岩（含油）	上变质带	15.60	0.6270
沙18	2621.03	板岩（含油）	上变质带	7.60	0.3150
沙18	2621.58	板岩（含油）	上变质带	9.30	0.3700
沙18	2621.61	板岩（含油）	上变质带	11.30	0.1290
沙18	2622.34	板岩（含油）	上变质带	12.20	0.3570

表3-3　角岩分布及物性统计表

井号	深度/m	岩石名称	变质带	孔隙度/%	渗透率/ ($10^{-3}\mu m^2$)
沙7	2667.85	角岩	上变质带		
沙7	2667.95	角岩	上变质带	2.40	0.0251
沙7	2668.60	角岩	上变质带	4.90	0.0364
陈6	1894.31	角岩（含油）	上变质带		
花X16	2475.40	角岩（含油）	上变质带	5.80	0.0363
花X16	2475.97	角岩（含油）	上变质带	4.90	0.0321
花X16	2477.28	角岩（含油）	上变质带	5.90	0.0385
花X16	2479.74	角岩（含油）	上变质带	11.90	0.1020
花X16	2479.87	角岩（含油）	上变质带	21.40	2.0700
花X16	2566.12	角岩（含油）	下变质带	5.60	0.0512

续表

井号	深度/m	岩石名称	变质带	孔隙度/%	渗透率/（10⁻³ μm²）
花 X16	2566.75	角岩（含油）	下变质带	5.30	0.0401
花 X16	2567.52	角岩（含油）	下变质带	5.30	0.0553
花 X16	2567.82	角岩（含油）	下变质带	4.20	0.0374
沙 18	2621.91	角岩（含油）	上变质带	5.00	0.0540
沙 19	2336.05	灰质角岩	上变质带	16.00	33.3

3.4.3　变质砂岩储层特征

变质砂岩变质程度较低，一般看不出与正常砂岩有太大的区别，多数分布在阜三段的储层中。

变质岩屑长石质石英砂岩是变质砂岩中很重要的一类。其碎屑组分中石英含量占 63% ~ 73%，长石 15% ~ 22%，岩屑 12% ~ 18%，主要粒径 0.05~0.2mm，分选好，磨圆次棱角—次圆状，颗粒支撑，点接触至线接触，接触式胶结或孔隙—接触式胶结，杂基主要是泥质，在 3% ~ 10% 之间，呈星点状、纤维状、薄膜状，大部分已绢云母化或绿泥石化，胶结物主要是碳酸盐，为 1% ~ 15%，方解石居多，呈粉晶—细晶状、不规则状，具云质环边；还可见锆石、电气石、石榴石、磁铁矿、白钛矿等。研究区变质岩屑长石质石英砂岩物性统计如表 3-4 所示。

表 3-4　变质砂岩分布及物性统计表

井号	深度/m	岩石名称	孔隙度/%	渗透率/（10⁻³ μm²）
花 X16	2481.11	变质含灰质细—中粒岩屑长石质石英砂岩（含油）	11.20	1.1400
花 X16	2563.57	变质含灰质岩屑长石质石英砂岩（含油）	5.10	0.0677
花 X16	2564.1	变质极细—细粒岩屑长石质石英砂岩（含油）	22.00	15.8000
花 X16	2564.62	变质含泥质极细—细粒岩屑长石质石英砂岩（含油）	17.20	1.5000

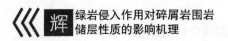
续表

井号	深度/m	岩石名称	孔隙度/%	渗透率/($10^{-3}\mu m^2$)
沙4	2466.36	变质含泥质极细—细粒岩屑长石质石英砂岩	16.70	0.3760
沙4	2472.72	变质含灰质极细—细粒岩屑长石质石英砂岩	9.40	0.0647
沙4	2473.77	变质粗粉—极细粒岩屑长石质石英砂岩	12.40	0.0883
陈6	2005.33	含碳酸盐极细—细粒长石岩屑质石英砂岩(浅变质)(含油)	30.90	229.0
陈6	2005.83	长石岩屑质细粒石英砂岩(浅变质)(含油)	33.70	644
陈6	2006.56	极细—细粒长石岩屑质石英砂岩(浅变质)(含油)	33.80	592
陈6	2007.22	极细—细粒长石岩屑质石英砂岩(含油)	33.60	541
陈6	2007.62	含灰质极细—细粒长石岩屑质石英砂岩(浅变质)(含油)	29.80	634
陈6	2008.5	含灰质中—细粒长石岩屑质石英砂岩(含油)	24.00	23
花X16	2473.31	变质极细—细粒长石岩屑质石英砂岩(含油)	4.40	0.0705
花X16	2479.14	变质细—极细粒含泥质长石岩屑质石英砂岩(含油)	18.90	0.234
花X16	2481.56	变质含灰质极细—细粒长石岩屑质石英砂岩(含油)	7.40	0.0653
花X16	2482.08	变质含灰质极细—细粒长石岩屑质石英砂岩(含油)	11.90	0.17
花X16	2561.69	变质含泥质不等粒长石岩屑质石英砂岩(含油)	13.50	0.355
沙4	2465.36	变质极细—细粒长石岩屑质石英砂岩	18.90	4.07

续表

井号	深度/m	岩石名称	孔隙度/%	渗透率/($10^{-3}\mu m^2$)
沙4	2465.96	变质含灰质中—细粒长石岩屑质石英砂岩	8.70	0.166
沙4	2468.05	变质含泥质粗粉—极细粒长石岩屑质石英砂岩	19.10	0.919
沙7	2680.25	变质砂岩	22.70	20.2
沙7	2680.61	变质砂岩	7.50	0.728

变质杂砂岩分布较少（表3-5），主要分布在花X16井变质带中，杂砂岩中的泥质含量很多，使得孔隙变得很差。

表3-5 变质杂砂岩分布及物性统计表

井号	深度/m	岩石名称	孔隙度/%	渗透率/($10^{-3}\mu m^2$)
花X16	2480.56	变质极细—细粒长石岩屑质石英杂砂岩（含油）	15.80	0.3540
花X16	2482.45	变质细—中粒长石岩屑质石英杂砂岩（含油）	19.00	4.0200
花X16	2477.83	变质极细—细粒岩屑长石质石英杂砂岩（含油）	19.50	0.4080
花X16	2478.34	变质极细—细粒岩屑长石质石英杂砂岩（含油）	19.70	0.2570
陈6	2004.83	千枚化粗粉—细粒长石质岩屑杂砂岩(浅变质)（含油）	21.30	0.3110
花X16	2474.71	变质含泥质极细—细粒长石质岩屑砂岩（含油）	16.70	0.5510

变质带粉砂岩较少，颗粒之间的排列紧密，孔隙连通性较差（表3-6）。

表 3-6 变质粉砂岩分布及物性统计表

井号	深度/m	岩石名称	变质带	孔隙度/%	渗透率/$(10^{-3}\mu m^2)$
陈 6	1895.82	千枚状泥质粉砂岩(含油)	上变质带		
陈 6	2001.71	含变质矿物粉砂岩(含油)	下变质带	23.00	0.0913
陈 6	2003.52	千枚化泥质粉砂岩(浅变质)(含油)	下变质带	20.30	0.1940
花 X16	2476.16	千枚化泥质粉砂岩(含油)	上变质带	7.70	0.0322
花 X16	2562.02	变质含泥质粉砂岩(含油)	下变质带	14.50	28.3000
花 X16	2562.9	变质含泥质粉砂岩(含油)	下变质带	13.00	0.1850
花 X16	2565.02	泥质粉砂岩(含油)	下变质带	14.40	21.5
沙 4	2467.26	变质含泥粉砂岩	下变质带	19.70	0.2760
沙 19	2330.97	变质泥质粉砂岩	上变质带	3.40	0.0351
庄 1	1664.83	变质泥质粉砂岩	下变质带		

整体上，变质砂岩孔-渗呈良好指数关系(图 3-8c)，这主要是由于相对于变质泥岩，砂岩整体变质程度较低，同时破碎应力较大。良好的孔-渗指数关系也反映了变质砂岩储层中裂缝不发育。同时，变质砂岩储层物性还表现为靠近(小于 8m)或是远离(大于 12m)侵入体物性较差而在距离适中处(8~12m)物性较好(图 3-9c、d)。

整体上，辉绿岩的侵入使得围岩储集物性变差。受压实作用影响，随着深度的增加，正常砂岩和受辉绿岩影响砂岩的孔、渗均减小，但在相同深度处，受辉绿岩影响的砂岩孔、渗值比正常砂岩要低(图 3-10a、b)；另外，对比花 X16 井、花 X17 井和瓦 X2 井储层性质：样品均取自于阜三段前缘砂，原始物性相近，未受辉绿岩影响的花 X17 井储层样品深度在 2808~2965.91m，但其储层物性要好于埋藏较浅受辉绿岩影响的花 X16 井(样品深度在2473.31~2565.02m)；同样未受辉绿岩影响的瓦 X2 井埋藏深度与花 X16 井相近(2455.11~2549.35m)，但其储集物性却远远要好(图 3-10c)。

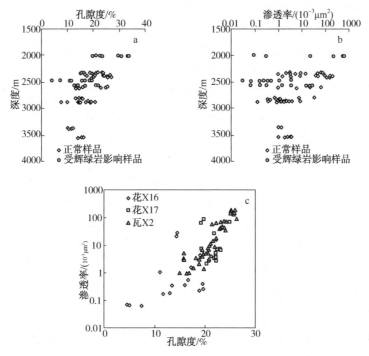

图 3-10 高邮凹陷北斜坡阜宁组受辉绿岩侵入影响的
砂岩与正常砂岩的储层物性对比

3.5 储层成岩作用

3.5.1 成岩阶段划分

从岩石学角度而言，侵入岩的成岩过程是指岩浆上升侵入地下浅部围岩直至冷凝结晶、固结成岩的过程，而与之相对的接触变质岩成岩过程则是温度先升高，再逐渐降低的变质结晶过程，而之后的一系列变化均为次生作用。但是这些次生改造产生新的储集空间，对储层具有重要意义。因此从油气储层角度来说，岩浆侵入所形成的侵入岩及其外变质岩在固结后埋藏过程中所发生的物理、化学变化也应属于成岩作用范畴。

始新世末期三垛运动(38~25Ma)引发频繁的岩浆活动,造成研究区阜宁组地层广泛侵入辉绿岩。岩浆侵入后首先遇冷固结成岩和造成泥岩围岩脱水变质;岩浆体侵入围岩沉积岩中释放大量高矿化度流体;此外,高温对泥岩围岩的烘烤使其发生脱水、脱碳作用,从而在短时间内形成大量C—H—O热液,这些热液与岩石发生水岩作用而控制其成岩作用。此后,岩浆侵入形成的高温环境加速了阜宁组二段和四段有机质向油气的转化,在此过程中形成大量有机和无机酸性流体,同时,三垛运动还造成高邮凹陷持续抬升,埋深相对较浅的北斜坡部分地区发生抬升(图 3-11a),与此同时还形成了大量的张性正断层(图 2-2),可能沟通了阜宁组与地层地表水从而形成酸性环境,在这种酸性环境下发生广泛溶蚀。在三垛运动过后(25Ma 之后),高邮凹陷重新埋藏并开始沉积盐城组地层,进入埋藏成岩阶段。因此根据成岩作用顺序和成岩控制因素,将单期侵入岩及其外变质泥岩的成岩阶段划分为:固结成岩阶段、热液作用阶段、后期溶蚀阶段及埋藏成岩阶段(图 3-11b)。各成岩阶段特征如下。

(1)固结成岩阶段。高温岩浆侵入围岩后首先发生冷凝、结晶,固结成辉绿岩,而泥岩围岩在高温岩浆烘烤下发生脱水、变质结晶,固化成变质泥岩。在岩浆结晶过程中伴随着高温低压下挥发分的逸出、不均匀的冷凝作用等,并逐渐分异出中心相和边缘相相带(图 3-3),侵入岩在该阶段形成大量原生气孔、自碎角砾间孔、冷凝裂缝、解理缝等储集空间;而泥岩围岩主要是泥质矿物在高温烘烤下发生脱水和变质结晶反应,形成坚硬的变质泥岩,并围绕侵入体形成中级变质相和低级变质相相带(图 3-3)。外变质岩在这一阶段没有形成很好的储集空间,仅发育结晶形成的微裂缝。

(2)热液作用阶段。上已述及,在岩浆侵入后期生成大量的岩浆热液。该阶段主要特征是侵入期后的热液填充和交代溶蚀作用。热液充填作用在研究区变质泥岩中形成大量碳酸盐脉(图 3-12a),此外还有少量石膏脉。对沙7、沙 18 角岩样品进行碳、氧同位素分析(表 3-7),其同位素值分布范围表明其 CO_2 为无机成因,来源与岩浆热液有关。碳酸盐脉或石膏脉的形成主要是由于岩浆侵入析出的岩浆水携带大量的 Fe^{2+}、Mg^{2+}、Ca^{2+},与之前逸出的 CO_2,H_2S 等气体以及地层水混合,形成高温的岩浆热液,这些热液在高压下挤压使脆性的变质泥岩围岩产生裂缝,此后碳酸盐矿物和石膏从热液中沉淀继而填充这些裂缝形成碳酸盐脉和石膏脉。这些碳酸盐脉后期被后期溶蚀

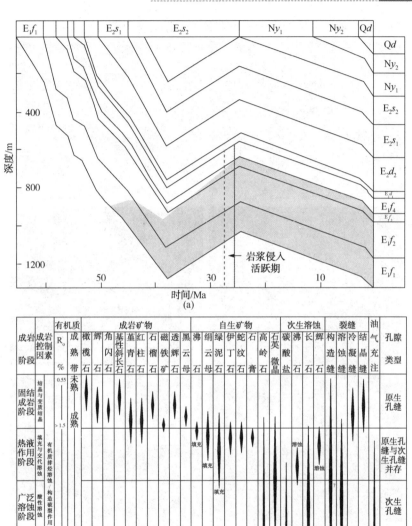

(a)

(b)

图 3-11　高邮凹陷北斜坡地区韦 8 井阜宁组地层埋藏演化史

（a，修改自参考文献［76］）以及与其相对应的成岩事件和成岩演化序列（b）

则形成溶蚀微裂缝（图 3-12b、c）。后期热液对侵入岩的作用主要是水化作用，使得基性岩发生伊丁石化、蛇纹石化、绿泥石化、碳酸盐化等交代溶蚀

（图3-12d），而这些蚀变产物充填在各种孔隙裂缝等储集空间中。

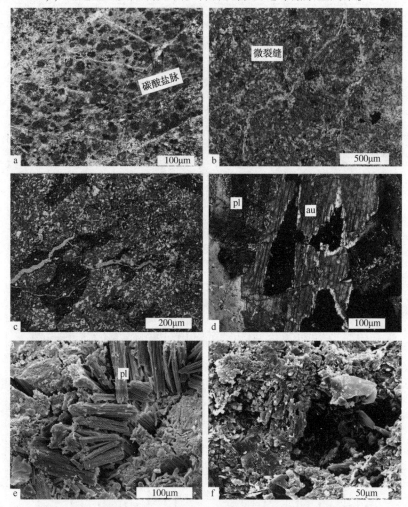

图3-12 高邮凹陷北斜坡地区阜宁组成岩/孔隙特征显微照片

a—碳酸盐脉填充，板岩，花X16井，2565.35m，单偏光；b—热液成因裂缝，角岩，沙18
井，2624.18m，蓝色铸体，单偏光；c—溶蚀缝，板岩，沙18井，2593.56m，蓝色铸体，
单偏光；d—辉石颗粒大面积溶蚀，辉绿岩，安4井，2939.93m，正交光；e—长石颗粒被
溶蚀，形成溶蚀孔，辉绿岩，庄1井，1602.94m；f—长石颗粒溶蚀，板岩，沙7井，
2669.81m；pl—基性斜长石；au—辉石

（3）后期溶蚀阶段。这一阶段的主要成岩控制因素是酸性流体的溶蚀
作用。上已述及，岩浆侵入加速了有机质向油气的转化从而形成大量酸性

流体，并且高邮凹陷在岩浆期后继续抬升可能沟通了富含 CO_2 的大气淡水淋滤溶蚀(图 3-11a)。在这种酸性环境下发生广泛溶蚀，使岩石中的矿物发生溶解、氧化、水化等溶蚀作用。在研究区最典型的是侵入相中长石颗粒的广泛溶蚀(图 3-12e)、变质相中碳酸盐脉溶蚀(图 3-12b)，以及长石颗粒的溶蚀(图 3-12f)。溶蚀作用形成溶蚀孔缝，循环的地下水系统将岩石中的易溶物质溶解带走，从而增大了岩石孔隙度。

(4) 埋藏成岩阶段。在三垛运动过后，辉绿岩及其外变质带同沉积围岩一起进入埋藏成岩作用(图 3-11a)。由于构造抬升和溶蚀等作用使其坚固性变差，辉绿岩及外变质泥岩储层孔隙度随埋藏压实而减小。

值得注意的是，对于单期岩浆侵入而言，上述四个阶段是先后持续发生的，但实际上岩浆侵入是多期的并且无规律的，如后一期侵入活动可能发生在前一期的热液作用阶段，或是广泛溶蚀阶段，也可能是埋藏成岩阶段，从而造成不同成岩阶段的叠合。因此，研究区多期次侵入活动使得成岩阶段演化复杂化。

表 3-7　高邮凹陷北斜坡阜宁组角岩样品中碳酸盐碳、氧同位素分析数据

编号	样品井	深度/m	岩心	矿物	$\delta^{13}C/(‰，PDB)$	$\delta^{13}O/(‰，PDB)$
1	沙7	2673.30	角岩	方解石	−5.82	−16.40
2	沙7	2673.55	角岩	方解石	−8.55	−16.18
3	沙18	2624.18	角岩	方解石	−4.98	−16.14
4	沙18	2622.60	角岩	方解石	−6.88	−15.85

3.5.2　成岩控制因素

(1) 结晶与变质结晶作用。结晶与变质结晶作用主要发生在固结成岩阶段(图 3-11b)。岩浆冷凝过程中，橄榄石、基性斜长石、辉石、角闪石及黑云母等矿物先后从岩浆中结晶出来，形成辉绿岩，结晶过程形成晶间孔缝(图 3-13a)，同时在冷凝过程中形成冷凝收缩裂缝(图 3-13b)，在边缘部位自碎角砾形成粒间孔，挥发分的逸出则形成大量气孔(图 3-4b，图 3-5a)。在高温烘烤作用下，泥岩围岩发生变质结晶，形成董青石、红柱石、绢云母、黑云母、绿泥石等产物，变质结晶导致晶粒变大，晶粒之

间形成晶间微孔，在冷凝过程中，形成收缩微缝。

图 3-13　高邮凹陷北斜坡地区阜宁组成岩特征显微照片

a—结晶缝，辉绿岩，庄 1 井，1608.70m；b—冷凝收缩缝被后期热液矿物填充，辉绿岩，
庄 1 井，1605.15m；c—普遍绿泥石化，蚀变辉绿岩，沙 4 井，2776.45m，正交光；d—蚀
变成因绿泥石，辉绿岩，庄 1 井，1615.33m；e—长石次生蚀变成高岭石，辉绿岩，沙 7
井，2679.60m；f—石英微晶填充于变质泥岩微孔中，板岩，沙 7 井，2669.81m；pl—基性
斜长石；ch—绿泥石；ka—高岭石；m.q.—石英微晶

（2）交代蚀变作用。交代蚀变主要发生在热液作用阶段（图 3-11b）。辉绿岩中富含 Fe^{2+}、Mg^{2+} 的矿物稳定性差，在热液作用下发生水化作用和交代蚀变，典型的如橄榄石蚀变为伊丁石、蛇纹石、褐铁矿；辉石、角闪石蚀变为绿泥石（图 3-13c）；基性斜长石蚀变为沸石、高岭石等。不稳定的火成岩矿物蚀变为低温稳定的含水矿物，这种过程通常使矿物体积膨胀而降低孔隙，但与此同时使得矿物颗粒变得松散，为后期溶蚀创造了条件。

（3）充填作用。研究区填充矿物有沸石、绿泥石、碳酸盐、高岭石、微晶石英等自生矿物，以及少量石膏、磁铁矿。①沸石。沸石主要在侵入期后热液作用下长石蚀变而成，呈放射状填充于边缘相的气孔中。但这类沸石仅少量见于研究区喷发玄武岩气孔中，而全岩分析表明辉绿岩中不含沸石，这可能是由于后期沸石被溶蚀的结果。沸石通常形成于碱性条件下，是碱性成岩环境的特征产物，而持续的热液环境、淡水作用以及后期有机质排烃形成酸性环境，从而导致沸石的广泛溶蚀。②绿泥石。绿泥石由暗色矿物蚀变而来的绿泥石在热液流动作用下填充于原生气孔或晶间孔中，通常呈针状或放射状集合体（图 3-13d）。③碳酸盐矿物。碳酸盐矿物主要由富含碱性离子的 C—H—O 热液沉淀形成。碳酸盐矿物呈脉状填充于变质泥岩热液成因裂缝中（图 3-12a）。④高岭石与微晶石英主要来自长石溶蚀。在酸性环境下，长石溶蚀形成高岭石，同时释放二氧化硅流体，在孔隙流体循环作用不强烈的情况下，高岭石原地堆积，填充孔隙（图 3-13e），而二氧化硅经孔隙流体短距离搬运后沉淀，形成石英微晶（图 3-13f）。此外，在热液作用下还形成少量石膏和磁铁矿，呈微晶或是颗粒质点分布于晶粒表面或是晶间孔隙。

（4）溶蚀作用。溶蚀作用主要发生在排烃溶蚀阶段（图 3-11b）。上已述及，阜宁组为区域性烃源岩，在岩浆活动初期，有机质已进入生油窗。随着岩浆侵入活动，有机质受热作用迅速成熟后发生排烃，其脱羧基作用及释放 CO_2 形成酸性环境，进一步对孔缝间碳酸盐矿物以及矿物颗粒（如长石）溶蚀（图 3-12f）。最终溶蚀的结果是形成大量的溶蚀扩大孔与溶蚀裂缝相连通，从而形成有利的储集空间。溶蚀作用是次生孔隙形成的重要因素，也是研究区最有利成岩作用之一。

（5）构造破裂作用。构造破裂作用贯穿着整个成岩阶段，是除溶蚀作用外的另一有利成岩作用。构造运动造成辉绿岩及外变质泥岩破裂，产生大量构造裂缝,从而沟通储层孔缝系统,改善储层质量,同时连通的孔缝系统更利于孔隙水的流动,易于溶蚀作用的发生;此外,构造运动产生断层,富含 CO_2 的大气淡水往往沿断层裂缝流动,继而发生广泛强烈的溶蚀,形成规模大的溶蚀裂缝和溶蚀孔。

3.6 变质带储层孔隙结构

3.6.1 喉道类型

孔隙喉道为连通两个孔隙的狭窄通道,每一支喉道可以连通两个孔隙,而每一个孔隙则和三个以上的喉道相连接,喉道是影响储层渗流能力的主要因素,喉道的大小和形态主要取决于岩石的颗粒接触关系、胶结类型和颗粒本身的形状和大小。根据分析化验资料,可统计出喉道类型(表3-8)。

表 3-8 高邮凹陷辉绿岩变质带储层孔隙喉道统计表

井号	深度/m	岩性	喉道特征	面孔率/%	配位数	平均孔隙半径/μm
陈6	1827.43	粗粉—细粒长石岩屑质石英砂岩(含油)	可变断面的收缩部分是主要喉道,次要喉道为可变断面的缩小部分,少量片状、弯片状喉道	20.88	3~4	30.2
陈6	1827.73	细—中粒长石岩屑质石英砂岩(含油)	可变断面的收缩部分是主要喉道,次要喉道为可变断面的缩小部分,少量片状、弯片状喉道	17.95	3~4	46.6

74

续表

井号	深度/m	岩性	喉道特征	面孔率/%	配位数	平均孔隙半径/μm
陈6	2005.83	千枚化粗粉—细粒长石质岩屑杂砂岩(含油)	可变断面的收缩部分是主要喉道,次为片状、弯片状喉道	2.87	1~2	9.4
陈6	2005.33	含碳酸盐极细—细粒长石岩屑质石英砂岩(含油)	可变断面的收缩部分是主要喉道,次要喉道为可变断面的缩小部分,少量片状、弯片状喉道	19.02	3~4	25.6
陈6	2005.83	长石岩屑质细粒石英砂岩(含油)	同上	20.28	3~4	35.5
陈6	2006.56	极细—细粒长石岩屑质石英砂岩	同上	21.62	3~4	31.4
陈6	2007.22	极细—细粒长石岩屑质石英砂岩	同上	17.57	3~4	33.9
陈6	2007.62	含灰质极细—细粒长石岩屑质石英砂岩(含油)	同上	19.67	3~4	31.9
陈6	2008.50	含灰质中—细粒长石岩屑质石英砂岩(含油)	可变断面的收缩部分是主要喉道,次为片状、弯片状喉道,少量喉道为可变断面的缩小部分	10.27	2~3	18.5

续表

井号	深度/m	岩性	喉道特征	面孔率/%	配位数	平均孔隙半径/μm
花 X16	2473.31	变质极细—细粒长石岩屑质石英砂岩(含油)	可变断面的收缩部分是主要喉道,次为片状、弯片状喉道	3.83	1~2	12.4
花 X16	2475.71	变质含泥质极细—细粒长石质岩屑砂岩(含油)	可变断面的收缩部分是主要喉道,次为片状、弯片状喉道,微孔发育处为管束状喉道	5.75	2	17.1
花 X16	2477.83	变质极细—细粒岩屑长石质石英杂砂岩(含油)	同上	6.84	2	25.7
花 X16	2478.34	极细—细粒岩屑长石质石英杂砂岩	同上	6.63	2	17.8
花 X16	2479.14	含泥质长石岩屑质石英砂岩(含油)	同上	5.74	1~2	17.7
花 X16	2480.56	极细—细粒长石岩屑质石英杂砂岩	同上	5.92	2	28.4
花 X16	2481.11	变质含灰质细—中粒岩屑长石质石英砂岩(含油)	可变断面的收缩部分是主要喉道,次为片状、弯片状喉道。	7.74	2	18.9

井号	深度/m	岩性	喉道特征	面孔率/%	配位数	平均孔隙半径/μm
花 X16	2482.08	变质含灰质极细—细粒长石岩屑质石英砂岩(含油)	可变断面的收缩部分是主要喉道,次为片状、弯片状喉道,微孔发育处为管束状喉道	2.74	1	8.5
花 X16	2482.45	变质细—中粒长石岩屑质石英杂砂岩(含油)	可变断面的收缩部分是主要喉道,次为片状、弯片状喉道	3.95	1~2	10.0
花 X16	2561.69	变质含泥质不等粒长石岩屑质石英砂岩(含油)	可变断面的收缩部分是主要喉道,次为片状、弯片状喉道	5.32	1~2	13.8
花 X16	2562.02	变质含泥质粉砂岩(含油)	可变断面的收缩部分是主要喉道,次为片状、弯片状喉道,微孔发育处为管束状喉道	1.04	1	6.7
花 X16	2563.57	变质含灰质岩屑长石质石英砂岩(含油)	可变断面的收缩部分是主要喉道,次为片状、弯片状喉道	2.83	1	15.6
花 X16	2563.97	极细—细粒岩屑长石质石英砂岩(含油)	同上	7.32	2	15.7
花 X16	2565.1	变质极细—细粒岩屑长石质石英砂岩(含油)	同上	13.56	3	30.5

井号	深度/m	岩性	喉道特征	面孔率/%	配位数	平均孔隙半径/μm
花X16	2565.62	变质含泥质极细—细粒岩屑长石质石英砂岩(含油)	同上	6.59	2	18.4
沙4	2465.36	变质极细—细粒长石岩屑质石英砂岩	同上	5.59	2	22.6
沙4	2467.26	变质含泥粉砂岩	同上	1.90	1	13.8
沙4	2468.05	变质含泥质粗粉—极细粒长石岩屑质石英砂岩	同上	3.22	1~2	13.3
沙7	2667.95	千枚状板岩	同上	3.22	2	11.8
沙7	2668.60	千枚状板岩	同上	2.69	2	9.0
沙7	2679.81	板岩	同上	5.22	1~2	12.1
沙7	2680.25	变质砂岩	同上	9.83	2~3	21.1
沙7	2680.61	变质砂岩	同上	5.61	2~3	25.4
沙7	2682.90	板岩	同上	2.80	1~2	12.4
沙18	2621.61	板岩(含油)	同上	3.96	1~2	12.2

续表

井号	深度/m	岩性	喉道特征	面孔率/%	配位数	平均孔隙半径/μm
沙18	2622.34	板岩(含油)	同上	5.86	2	13.7
沙18	2623.14	板岩	同上	3.3	1~2	11.7

　　变质带主要孔隙喉道类型为缩颈型喉道，颗粒间可变断面的收缩部分为主要喉道，说明颗粒被压实而排列的很紧密，主要是点接触。虽然孔隙很大，但是颗粒间的喉道却很窄。所以此时储层有较高的孔隙度，属于大孔细喉。同时片状，弯片状喉道也较发育，孔隙之间为长条状的喉道。说明压实作用进一步的加强，而且晶体的再生长，如石英的加大或其他矿物晶体的生长，形成的晶间缝隙也可作为连通孔隙的喉道，是小孔极细喉型。砂岩基质中形成较多的微孔隙，发育处为管束状喉道，其本身既是孔隙，又是喉道。

3.6.2　孔隙结构特征

　　通过对该地区16个样品压汞资料的研究，对其曲线形态及各特征参数的统计分析，将变质带储层孔喉分为三种类型(表3-9)。

表3-9　变质带储层不同孔喉类型压汞曲线特征表

类别	毛管压力曲线	孔隙分布图	参数特征
I	花X16井9号样毛管压力曲线	花X16井22号样孔喉柱状频率分布图 花X16井22号样，2479.87m	渗透率：$5.08×10^{-3}\,\mu m^2$； 孔隙度：21.4%； 排驱压力：0.269MPa； 孔隙半径中值：1.18μm； 汞饱和度中值压力：0.636MPa； 平均孔喉半径：1.173μm； 孔隙分布峰值：27.4%

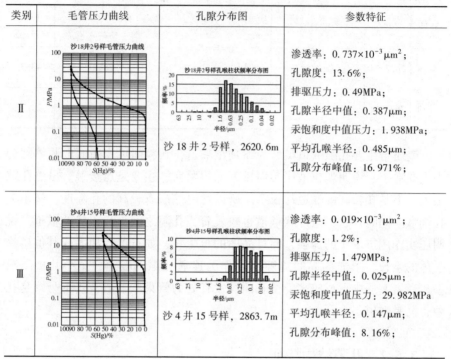

类别	毛管压力曲线	孔隙分布图	参数特征
II	沙18井2号样毛管压力曲线	沙18井2号样孔喉柱状频率分布图 沙18井2号样，2620.6m	渗透率：$0.737×10^{-3}\mu m^2$； 孔隙度：13.6%； 排驱压力：0.49MPa； 孔隙半径中值：$0.387\mu m$； 汞饱和度中值压力：1.938MPa； 平均孔喉半径：$0.485\mu m$； 孔隙分布峰值：16.971%；
III	沙4井15号样毛管压力曲线	沙4井15号样孔喉柱状频率分布图 沙4井15号样，2863.7m	渗透率：$0.019×10^{-3}\mu m^2$； 孔隙度：1.2%； 排驱压力：1.479MPa； 孔隙半径中值：$0.025\mu m$； 汞饱和度中值压力：29.982MPa 平均孔喉半径：$0.147\mu m$； 孔隙分布峰值：8.16%；

（1）Ⅰ类：偏粗态。曲线凹向左下，有平台段发育，表明分选相对较好，峰值孔喉分布范围为$1.6\sim2\mu m$，该类储层物性相对较好，渗透率一般$(2\sim4)×10^{-3}\mu m^2$，平均孔隙度15%～25%，主要分布变质砂岩中。

（2）Ⅱ类：偏细态。曲线凹向左下，有平台段发育，向右上靠拢，表明分选相对较好，歪度较细。峰值孔喉分布范围为$0.63\sim1.6\mu m$，该类储层物性相对较差，渗透率在$(0.5\sim2)×10^{-3}\mu m^2$之间，平均孔隙度一般5%～15%，主要分布在角岩和变质砂岩中。

（3）Ⅲ类：细态。无平台段发育，分选极差，峰值孔喉分布范围为$0.25\sim0.63\mu m$，该类储层物性很差，平均渗透率小于$0.5×10^{-3}\mu m^2$，孔隙度在5%以下，主要分布在板岩中。

3.6.3　铸体薄片孔喉类型

根据高邮凹陷辉绿岩变质带储层铸体薄片对比分析,将孔喉特征分为如下四种类型(表 3-10)。

Ⅰ类属中孔中喉型。平均孔隙半径为 31.4μm,平均孔喉比为 5.70,孔隙分布在 30~70μm 之间,各孔隙分布均匀,分布频率一般在 12%~18%之间,主要分布原生孔隙和次生孔隙为主的陈 6 井的砂岩孔隙中。

表 3-10　铸体薄片孔喉类型分类表

类别	孔隙半径分布图	特征参数
Ⅰ	陈6井　2006.56m	孔隙总数:273; 面孔率:21.62%; 平均孔隙半径:31.4μm; 平均比表面:0.19μm^{-1}; 平均形状因子:0.69; 平均孔喉比:5.70; 平均配位数:1.30; 均质系数:0.31; 分选系数:17.21
Ⅱ	沙7井,2680.61m	孔隙总数:116; 面孔率:5.61%; 平均孔隙半径:25.4μm; 平均比表面:0.22μm^{-1}; 平均形状因子:0.81; 平均孔喉比:3.38; 平均配位数:0.79; 均质系数:0.35; 分选系数:15.31

类别	孔隙半径分布图	特征参数
III	花 X16 井，2473.41m	孔隙总数：256； 面孔率：3.83%； 平均孔隙半径：12.4μm； 平均比表面：0.33μm^{-1}； 平均形状因子：0.88； 平均孔喉比：2.63； 平均配位数：0.75； 均质系数：0.32； 分选系数：7.59
IV	花 X16 井，2562.02m	孔隙总数：242； 面孔率：1.04%； 平均孔隙半径：6.7μm； 平均比表面：0.42μm^{-1}； 平均形状因子：0.97； 平均孔喉比：0.75； 平均配位数：0.23； 均质系数：0.35； 分选系数：3.76

II 类属于中孔细喉型，平均孔隙半径 25.4μm，孔隙半径主要分布在 60~70μm 之间，可占近 50%，其次是 20~50μm。分选系数大，各种孔喉分布频率不均。

主要分布在砂岩中，泥质或胶结物含量高，距离侵入体较近，受到热影响较强。

III 类属于小孔细喉型，平均孔隙半径 12.4μm，孔隙半径主要在 5~20μm，没有占绝对优势的粒度，孔喉比较小，主要分布在砂岩，板岩中。

IV 类属于小孔细喉型，平均孔隙度 6.7μm，平均孔喉比 0.75，孔隙和喉道均非常小，主要分布在砂岩，板岩中。

3.7 侵入岩孔隙结构特征

辉绿岩矿物结晶好，岩性致密，密度大，孔隙体积小，孔隙度和渗透率较低，在构造应力的条件下，可产生较多裂缝，辉绿岩的喉道有的是微缝，有的是微孔，连通性不好。通过对辉绿岩样品的分析，将侵入岩孔隙结构分为三种类型(表3-11)。

（1）Ⅰ类：细态。曲线无平台，表明分选相对极差，孔喉分布范围为 $0.04 \sim 0.63 \mu m$，该类储层物性较差，平均渗透率：$0.0759 \times 10^{-3} \mu m^2$，平均孔隙度：5.6%。

（2）Ⅱ类：细态。曲线无平台，分选极差，歪度较细。孔喉分布范围为 $0.04 \sim 0.4 \mu m$，该类储层物性相对较差，平均渗透率：$0.587 \times 10^{-3} \mu m^2$，平均孔隙度：1.8%。

（3）Ⅲ类：偏细态。略显平台，表明分选较差，孔喉分布范围为 $0.04 \sim 0.63 \mu m$，该类储层物性相对很差，平均渗透率：$0.0246 \times 10^{-3} \mu m^2$，平均孔隙度：0.8%。

表3-11 侵入岩不同孔喉类型压汞曲线特征表

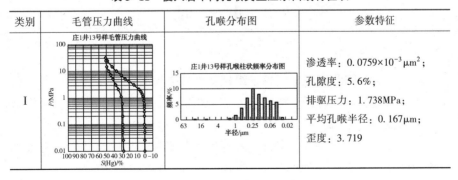

类别	毛管压力曲线	孔喉分布图	参数特征
Ⅰ			渗透率：$0.0759 \times 10^{-3} \mu m^2$； 孔隙度：5.6%； 排驱压力：1.738MPa； 平均孔喉半径：$0.167 \mu m$； 歪度：3.719

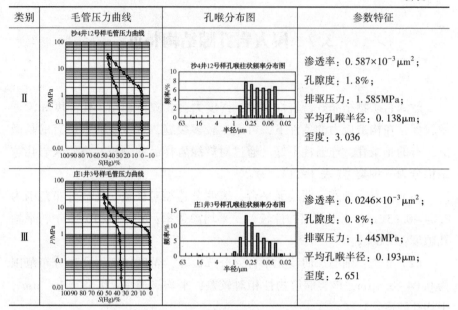

类别	毛管压力曲线	孔喉分布图	参数特征
II	沙4井12号样毛管压力曲线	沙4井12号样孔喉柱状频率分布图	渗透率：$0.587\times10^{-3}\mu m^2$； 孔隙度：1.8%； 排驱压力：1.585MPa； 平均孔喉半径：0.138μm； 歪度：3.036
III	庄1井3号样毛管压力曲线	庄1井3号样孔喉柱状频率分布图	渗透率：$0.0246\times10^{-3}\mu m^2$； 孔隙度：0.8%； 排驱压力：1.445MPa； 平均孔喉半径：0.193μm； 歪度：2.651

　　浅层侵入的辉绿岩成岩后，并没有形成较好的孔隙，后期构造作用的改造下，与变质带共同构成储集空间以及渗流通道。

3.8　小　　结

　　利用高邮凹陷北斜坡地区阜宁组接触变质岩发育类型多样的特征，系统分析了研究层位的岩石学特征、岩相分带特征、储集空间类型、储集物性特征以及成岩作用。

　　（1）侵入岩为辉绿岩，接触变质泥岩为角岩和板岩，而砂岩围岩变质程度较低，均为低变质程度的变质砂岩。

　　（2）由侵入体中心向外可依次分为侵入体中心带、侵入体边缘带、中级变质带(相当于角岩带)以及低级变质带(相当于板岩带)。

　　（3）辉绿岩储集空间包括气孔、裂缝以及微孔；变质泥岩储集空间包括各类(微)裂缝和微孔等，其中以裂缝及微裂缝为主；变质砂岩储集空间类型与研究区正常砂岩相似，包括粒间、粒内(溶蚀)孔以及溶蚀微孔，以粒间、粒内溶蚀孔为主，裂缝不发育。

（4）辉绿岩和变质泥岩储集物性差，变质泥岩中角岩物性好于板岩；变质砂岩物性较好，孔渗呈指数关系，随与辉绿岩距离加大，呈抛物线特征。

（5）成岩作用可以分为固结成岩、热液作用、酸性溶蚀以及埋藏压实作用4个阶段，其成岩控制因素主要包括结晶与变质结晶、溶蚀、交代、充填以及构造破裂等作用。

第4章

松辽盆地南部露头
受辉绿岩影响的
变质围岩特征

4.1 岩石学特征

露头下部辉绿岩手标本颜色呈暗黑—黑绿色，块状、条带状结构（图4-1a）。薄片观察主要由基性斜长石和辉石组成，基性斜长石自形程度高，部分呈斑晶产出，板状或柱状斜长石骨架中填充它形辉石颗粒，具典型辉绿结构（图4-1b）；普遍含有磁铁矿等副矿物；含少量的次生绿泥石。与辉绿岩侵入体紧密接触的为角岩，由变质矿物组成，呈致密块状，具（显微）变晶结构，显微水平层理构造。变质矿物主要由绢云母以及少量放射状红柱石和堇青石组成（图4-1c），通常有石英颗粒分布其中（图4-1d）。角岩上覆变质砂岩。

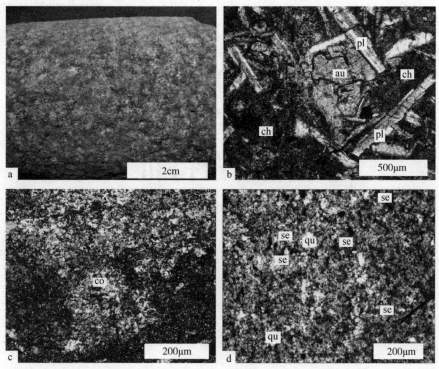

图 4-1　团山子采石场露头侵入岩及其变质围岩岩石学特征

a—辉绿岩块状结构，手标本 2；b—板柱状斜长石(pl)骨架填充它形辉石(au)，典型辉绿结构，颗粒绿泥石化(ch)，手标本 2；c—角岩中堇青石颗粒(co)，样品 2；d—角岩绢云母化(se)，见石英颗粒(qu)，样品 5；e—中砂级变质砂岩，主要由石英(qu)和斜长石(pl)组成，杂基绢云母化(se)，样品 26-1；f—粗粉砂级变质砂岩，样品 24-1

　　薄片鉴定和骨架碎屑成分统计表明，变质砂岩主要为长石石英砂岩和长石砂岩(图 4-2)。碎屑组分中石英含量为 58%~81%，长石含量为 15%~40%，以斜长石为主，在砂岩中基本见不到完好的长石颗粒，多数因蚀变作用而表面污浊，边缘溶蚀现象尤其明显，岩屑含量为 3%~17%，主要为火山岩岩屑，呈星点状、纤维状、薄膜状，大部分已绢云母化或绿泥石化。砂岩颗粒从粗粉砂到中砂，颗粒支撑，接触类型从缝合接触到点接触，分选较好，次棱角—次圆状磨圆度(图 4-1e、f)。

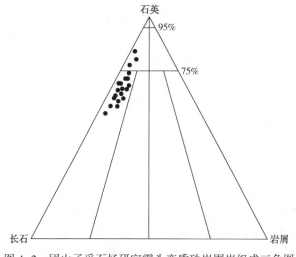

图 4-2　团山子采石场研究露头变质砂岩围岩组成三角图

4.2 受辉绿岩影响的围岩自生矿物与显微构造特征

4.2.1 变质泥岩围岩特征

受辉绿岩侵入影响后，变质泥岩围岩(角岩)主要表现出具有规律分布的自生绢云母和自生黏土矿物特征，同时，出现"气孔—杏仁"和微裂缝构造特征。

(1) 自生绢云母分布特征。碎屑岩中绢云母的形成通常与异常热流体(如岩浆活动)有关，通常由黏土矿物变质结晶或长石高温蚀变形成。反映中低变质特征的绢云母，其形成温度范围通常介于 $250\sim300℃$，这明显超出了松辽盆地中新生代沉积埋藏所能达到的温度，说明其形成有额外热源介入。结合与辉绿岩侵入体紧密接触的事实，认为角岩中绢云母的形成与辉绿岩侵入带来的热流有关。在原岩以黏土矿物为主的角岩中，其绢云母主要由黏土矿物变质结晶形成。在研究区露头角岩中，绢云母的分布具有较明显特征：整体上，在角岩围岩中随着距离辉绿岩侵入体越远，绢云母越不发育(图4-3a)，此外，根据全岩分析结果，在距离侵入体较近处(1~5号样品)，角岩中不含黏土矿物，在离辉绿岩较远处，黏土矿物含量增多(图4-3a)。这说明随着远离辉绿岩侵入体，泥岩围岩受热变质作用减弱，黏土基质绢云母化程度减弱，而在与侵入体紧密接触处，泥岩围岩受热作用强烈，黏土矿物全部变质结晶成绢云母，故而未检测出黏土矿物。因此，辉绿岩侵入对自生绢云母的形成和分布具有重要控制作用。

(2) 自生黏土矿物分布特征。对泥岩而言，随压实作用而逐渐增高的温度是成岩作用的主控因素。泥岩的成岩作用本质上是温度逐渐增加，黏土矿物发生脱水固化和有序转化。辉绿岩侵入使得局部温度剧烈上升，加速泥岩围岩的成岩作用或发生变质作用，因此出现特殊的黏土矿物分布特征，即在距离侵入体较近处黏土矿物全部转化成绢云母，而在较远处黏土矿物以代表晚成岩阶段的绿泥石和伊利石为主，并有少量的绿蒙混层和伊蒙混层，不发育蒙脱石和高岭石(图4-4、图4-5a)。这是由于在热作用下，蒙脱石和高岭石迅速向高温状态下稳定的伊利石和绿泥石转化，同时岩浆侵入携带热液为形成伊利石和绿泥石提供了充足的 K^+、Mg^{2+}、Fe^{3+} 等金属阳离子，而使得早期成岩阶段黏土矿物特征消失。对比上述研究（见第3章）发现，高邮凹陷北斜坡地区阜宁组二、四段有机质泥岩受辉绿岩侵入影响，紧密接触带变质成角岩，由于辉绿岩侵入加速有机质成熟并排烃，在此过程中释放大量二氧化碳和有机酸，形成酸性环境，从而有利于自生高岭石的生成和保存，因此角岩中高岭石普遍发育。而本次研究露头区别在于泥岩围岩并不含有机质，因此研究区黏土矿物中自生高岭石不发育，可能反映了碱性成岩环境。

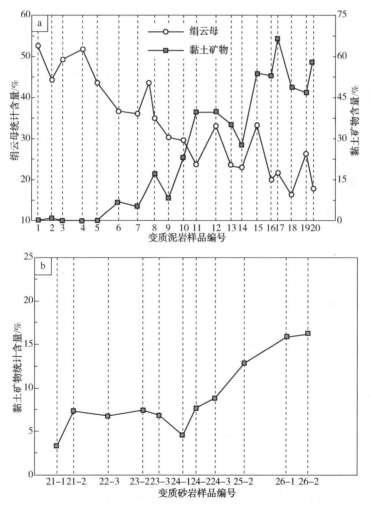

图4-3 团山子采石场研究露头变质围岩中绢云母及黏土矿物含量分布特征

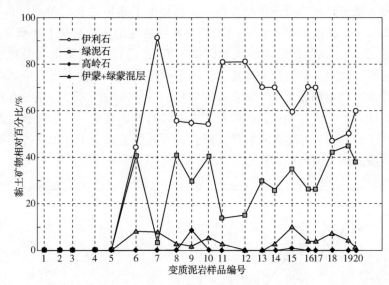

图4-4　团山子采石场研究露头角岩围岩中黏土矿物发育特征

（3）"气孔—杏仁"构造。在侵入体上覆角岩中发育有不同直径大小的"气孔—杏仁"构造（图4-5b），最大直径约3cm，远离侵入体处角岩带比靠近侵入体部位更发育，而上覆变质砂岩中则极少出现。气孔通常是火山岩中出现的结构类型，一般发育于浅层侵入岩或喷发岩的上部或顶部，而研究区露头角岩中发育的"气孔—杏仁"曾被认为是一种特殊的结核。但电子探针矿物成分分析表明（表4-1），杏仁集合体 SiO_2 平均含量为54.19%，Al_2O_3 平均含量为22.00%，CaO 平均含量为10.54%，并含少量 K_2O、Na_2O、MgO、FeO 以及微量重矿物，其组分含量接近浊沸石。此外，杏仁填充体样品遇盐酸起泡，经检验气体为 CO_2，说明其中含有碳酸盐矿物。因此，杏仁填充体主要为浊沸石以及相伴生的方解石集合体（图4-5b）。与浊沸石共生的碳酸盐矿物 $\delta^{13}C$（PDB）值为-6.7‰~-3.7‰（表4-2），这与前人报道的岩浆成因的碳同位素相吻合（-7‰~-4‰），因此其成因与岩浆的侵入活动有关。

表4-1　团山子采石场研究露头"杏仁"集合体电子探针成分分析（单位：%，质量百分比）

样品	编号	Al_2O_3	CaO	FeO	Na_2O	MgO	K_2O	SiO_2	Cr_2O_3	NiO	MnO	TiO_2	合计
1	1-1	21.99	9.35	0.16	0.02	0.06	0.1	57.50	0	0	0.01	0	89.19
1	1-2	21.21	11.55	0.01	0	0.01	0	56.73	0	0	0	0	89.51

续表

样品	编号	Al$_2$O$_3$	CaO	FeO	Na$_2$O	MgO	K$_2$O	SiO$_2$	Cr$_2$O$_3$	NiO	MnO	TiO$_2$	合计
1	1-3	22.78	10.34	0.53	0.14	0.15	0.23	51.64	0.01	0	0	0.05	85.87
2	2-1	21.86	10.05	0.08	0.04	0.05	0	49.55	0	0	0	0.07	81.70
2	2-2	22.10	11.43	0.11	0.1	0	0	52.33	0.03	0	0.20	0.05	86.35
3	3	20.40	9.36	0.68	0.04	0	0.02	52.73	0	0.06	0	0	83.29
4	4	21.33	11.45	0.01	0.07	0.04	0.64	55.57	0	0	0	0	89.11
5	5	22.13	10.87	0.08	0.03	0	0.15	55.33	0	0	0	0.02	88.61
6	6-1	21.65	11.73	0.05	0.55	0	1.25	53.85	0.15	0	0.15	0	89.38
6	6-2	23.42	9.89	0.16	0.03	0	0.55	52.36	0	0.03	0	0	86.44
7	7	21.88	10.36	0.03	0.04	0.25	0	54.68	0	0	0.01	0	87.25
8	8	22.55	9.36	0.15	0.05	0	0.86	56.65	0	0.05	0	0	89.67
9	9	22.78	11.32	0.53	0.15	0	0	55.55	0	0	0	0.01	90.34

表 4-2 团山子采石场研究露头碳酸盐脉及"杏仁"集合体碳酸盐碳氧同位素特征

样品	编号	类型	δ^{13}C/(‰，PDB)	δ^{18}O/(‰，PDB)	备注
1	a-1	角岩内碳酸盐脉	-4.4	-15.3	
2	a-2	角岩内碳酸盐脉	-6.8	-17.1	
2	a-21	角岩内碳酸盐脉	-5.3	-15.5	平行样品
2	a-22	角岩内碳酸盐脉	-5.5	-12.8	平行样品
3	a-3	角岩内方解石脉	-7.1	-16.8	
3	a-31	角岩内碳酸盐脉	-6.8	-16.1	平行样品
3	a-32	角岩内碳酸盐脉	-4.8	-14.6	平行样品
4	a-4	角岩内碳酸盐脉	-3.7	-17.9	
4	a-41	角岩内碳酸盐脉	-5.1	-16.6	平行样品
1	b-1	与浊沸石共生的碳酸盐	-6.5	-16.1	
1	b-11	与浊沸石共生的碳酸盐	-5.7	-16.9	平行样品
2	b-2	与浊沸石共生的碳酸盐	-4.6	-12.5	
2	b-21	与浊沸石共生的碳酸盐	-5.5	-13.7	平行样品
3	b-3	与浊沸石共生的碳酸盐	-3.7	-15.5	
4	b-4	与浊沸石共生的碳酸盐	-6.3	-16.6	

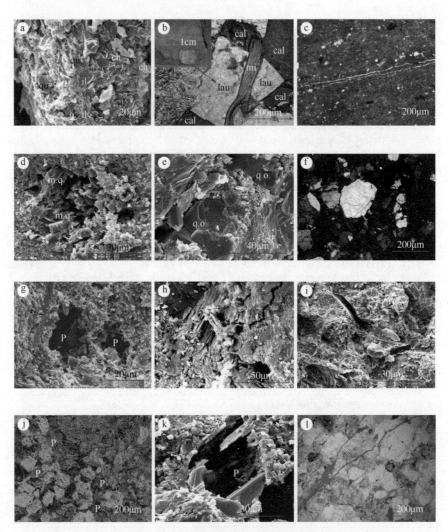

图 4-5　团山子采石场研究露头变质围岩成岩、变质特征与储集空间

a—角岩发育绿泥石(ch)，伊利石(il)，自生石英(qu)，样品 18，扫描电镜；b—"气孔-杏仁"构造，样品 4，可见浊沸石(lau)，方解石(cal)，云母(mi)；c—热液微裂缝被碳酸盐脉所充填，样品 5，单偏光；d—石英微晶(m. q.)，样品 22-2，扫描电镜；e—石英次生加大(q. o.)样品 26-3，扫描电镜；f—石英颗粒破裂，样品 21-1，正交光；g—角岩晶间微孔(P)，样品 6，扫描电镜；h—角岩收缩微裂缝，样品 6，扫描电镜；i—黑云母片理缝，样品 6，扫描电镜；j—粒间溶蚀孔，样品 23-2，单偏光；k—粒内溶孔，样品 23-2，扫描电镜；l—微裂缝，样品 22-2，单偏光

根据"气孔—杏仁"构造的形成机理，可以推测辉绿岩侵入时围岩处于半固结状态。因为如果围岩固结成岩后，岩浆活动携带的挥发份通常沿开启性断层或破裂裂缝逸散或运移到其他构造高部位形成气体聚集，如中国东部盆地广泛分布的无机二氧化碳气藏就是在这种环境下所形成，而如果围岩是松散状态下的沉积物，挥发分沿连通性的孔隙运移而突破上覆沉积物逸散。只有在泥岩围岩处于半固结状态下，泥质沉积物中黏土矿物黏结力较强阻止挥发分向上逸散，由于压力释放气体发生膨胀从而在泥质围岩中形成气孔。全岩分析表明，角岩围岩中普遍含有普通辉石(表4-3)，说明侵入体与泥岩围岩发生过强烈同化混染作用，岩浆突破进入泥岩围岩，斜长石颗粒水化形成杏仁状浊沸石集合体。同时，沸石的形成必须在碱性条件下，这也证实了碱性成岩环境。

表4-3 团山子采石场研究露头角岩样品 X 衍射分析数据表

样品	石英	斜长石	钾长石	普通辉石	方解石	白云石	铁白云石	硬石膏	黄铁矿	菱镁矿	黏土矿物
1	25.3	16.6	/	26	/	/	11	12.9	7.1	1.1	/
3	35.3	7.6	/	50	/	/	4.8	/	/	2.2	/
5	31.1	/	13.5	38.1	9.6	/	6	1.7	/	/	/
7	22	16.9	9.8	25.1	/	8.5	15	/	/	2.7	/
9	29.6	/	9.3	20	12.8	/	7	/	/	/	21.3
11	20.1	13.4	/	18.8	/	14.1	/	/	1	/	32.6
13	30.3	12.6	/	15.5	6.8	3.2	1	2.4	/	/	35
15	23.8	10.1	/	13.5	7.5	6.3	10.1	/	3.2	/	25.5
17	12.3	5.4	7.6	/	15.7	/	3.2	/	/	/	55.8
19	15.3	3.2	/	3.5	2.5	10.5	6.4	/	/	/	58.6

(4)微裂缝特征。在角岩带中普遍发育微裂缝，其中普遍填充碳酸盐脉(图4-5c)，碳、氧同位素分析表明，碳酸盐脉与浊沸石集合体相伴生的碳酸盐集合体具有相似的碳同位素特征(表4-2)，说明脉状填充的形成与岩浆侵入有关。这类微裂缝的形成，很可能与后期热液作用有关。岩浆

在侵入和冷凝过程中释放大量高矿化度流体，同时高温对泥岩的烘烤使其变质发生脱水和脱碳作用。这些瞬间生成的 C—H—O 热液产生异常高压，必然要快速向围岩中排泄，由于泥岩在高温的烘烤下变脆，热液压力突破岩石骨架的破裂极限后，产生张性裂缝，流体释放到压力较低的地层。久而久之，形成了大量热液成因的微裂缝。相似成因的热液微裂缝在变质泥岩油气储层中也广泛存在，如苏北盆地高邮凹陷变质泥岩储层、渤海湾盆地济阳坳陷板岩储层。微裂缝中碳酸盐样品氧同位素 $\delta^{18}O$（PDB）值为 $-17.9‰ \sim -12.8‰$（表 4-2、图 4-6），这与王大锐等所统计的渤海湾油气区火成岩外变质带储层中的碳酸盐矿物氧同位素值分布范围相近（$-17.1‰ \sim -12.5‰$）。这主要是在变质作用高温影响下，孔隙水 ^{18}O 大量消耗，导致形成碳酸盐矿物 $\delta^{18}O$ 明显偏负。

4.2.2　变质砂岩围特征

受辉绿岩侵入影响的砂岩围岩特征主要表现为特征的自生石英和黏土矿物分布，以及物理挤压特征。

（1）自生石英分布特征。在研究露头，从离辉绿岩侵入体由近到远，可以观察到不同自生石英特征。在离侵入体较近处，普遍发育石英微晶。扫描电镜下，石英微晶呈枝条状或短柱状，主要填充在孔隙之中（图 4-5d）。而在远离侵入体砂岩处，主要发育石英次生加大（图 4-5e）。从普通薄片和扫描电镜下，可以观察到不同石英加大特征。一类次生加大石英呈周缘型，即加大边沿颗粒周围发育，加大边与碎屑石英颗粒间有黏土痕迹，加大边干净无包裹体。这类次生加大通常形成于早期，碎屑石英颗粒与其他碎屑颗粒不接触或是点接触，具有较大的次生石英生长的空间。另外一类石英次生加大在碎屑石英边部局部不均匀发育，规模较小，通常发育在远离侵入体一端，可观察到流体包裹体。对这类石英次生加大边中少量两相包裹体测温，表明石英次生加大边形成温度为 $260 \sim 310℃$（图 4-7），反映了加大边形成于高温环境。

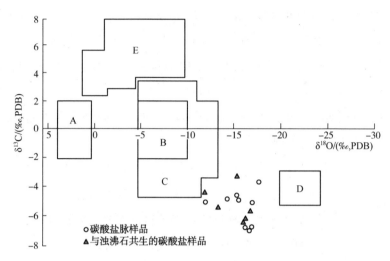

图 4-6　团山子采石场角岩中碳酸盐脉及"杏仁"
集合体碳酸盐样品碳、氧同位素组成分布及与相关数据比较(据参考文献[71])
区域 A、B、C、D、E 分别代表淡水白云岩、海相沉积碳酸盐岩、低温热液白云岩、
岩浆成因碳酸盐及渤海湾陆相沉积碳酸盐岩

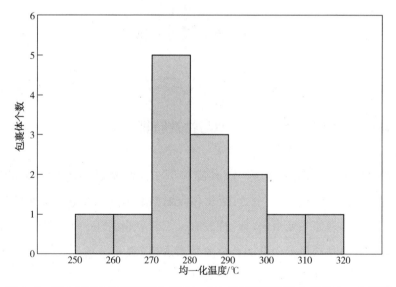

图 4-7　团山子采石场研究露头石英加大边气液两相流体包裹体均一化温度

（2）黏土矿物分布特征。其黏土矿物特征表现为随着远离侵入体，碎屑颗粒之间黏土矿物含量逐渐增多（图 4-3b）。在远离辉绿岩侵入体的 24、25 号样品中，分布有较多的绿泥石、伊利石、C/S 混层、I/S 混层，而在靠近辉绿岩侵入体的样品中此类矿物并没有发现。这主要是由于在岩浆侵入时期，砂岩处于未固结状态，流动的热液冲刷未固结的黏土基质组分，携带至砂岩上部沉淀下来。

（3）挤压特征。岩浆侵入对砂岩围岩具有明显的挤压作用，这种挤压作用反映在碎屑颗粒的结构特征上。首先，随着离侵入体距离增大，石英颗粒由缝合接触、凹凸接触逐渐过渡到点接触甚至不接触；其次，在离侵入体较近处，石英颗粒通常破裂严重并且表现为波状消光特征（图 4-5f）；而在远离侵入体处，这种特征不发育。值得注意的是，相比下伏的角岩，变质砂岩中杏仁体极少发育，这可能是由于侵入时，处于未固结的砂岩有较好的孔缝系统，挥发分沿着通道逸散所致。

4.3 储层特征

4.3.1 变质泥岩孔隙类型与物性特征

研究露头变质泥岩（角岩）的孔隙类型主要包括晶间微孔、收缩微裂缝、片理缝（图 4-5g~i）。晶间微孔和收缩微裂缝主要由黏土矿物变质结晶形成，而片理缝主要沿云母片理发育。尽管在薄片上可观察到孔缝的存在，但是岩心测试显示极低的孔隙度和渗透率（表 4-4），说明发育于角岩中的微孔、微缝几乎不连通。

表4-4 团山子采石场研究露头角岩样品气测孔、渗值

样品号	测试编号	岩性	孔隙度/%	气测渗透率/($10^{-3}\mu m^2$)
1	D1	角岩	1.04	0.00259
3	D2	角岩	0.98	0.00293
5	D3	角岩	1.92	0.01979
7	D4	角岩	1.35	0.02112
9	D5	角岩	3.39	0.01566
11	D6	角岩	2.23	0.00995
15	D7	角岩	1.13	0.09145
19	D8	角岩	1.56	0.07443

4.3.2 变质砂岩孔隙类型与物性特征

研究露头变质砂岩孔隙类型包括粒间溶蚀孔、粒内溶孔、微裂缝(图4-5j~1)。粒内溶孔主要由长石溶蚀形成,微裂缝可能由于侵入挤压破裂形成。随着远离侵入体,物性呈抛物线特征,即与下覆角岩接触处和远端,孔、渗较低,而中间部位具有相对较大的孔、渗值(图4-8)。

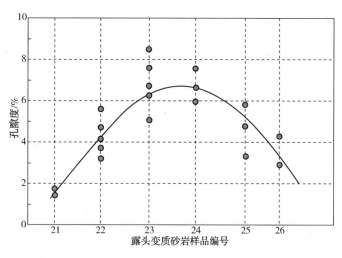

图4-8 团山子采石场研究露头变质砂岩围岩物性特征

4.4 小 结

主要利用露头连续密集取样的优势，对松辽盆地南部团山子采石场侵入露头变质围岩特征与储层特征进行了研究。

（1）侵入岩为辉绿岩，围岩分别为角岩和长石石英变质砂岩。

（2）变质泥岩（角岩）主要特征为：自生绢云母随距离辉绿岩距离增加，含量逐渐减少，而黏土矿物相反；黏土矿物主要发育成岩晚期特征的伊利石和绿泥石，不发育蒙脱石与高岭石；发育特殊的"气孔—杏仁"构造，其成分为热液成因的浊沸石和碳酸盐。

（3）变质砂岩特征主要为：与辉绿岩紧密接触处，发育石英微晶，黏土矿物含量少，而在远离辉绿岩处，发育石英次生加大，黏土矿物含量高；发育反映挤压应力特征的石英颗粒破裂和波状消光。

（4）角岩发育少量储集空间，但几乎不具有渗流能力；变质砂岩主要发育溶蚀孔隙，储集物性随着离辉绿岩距离变远，呈先增加后减小的抛物线特征。

第5章

辉绿岩侵入作用对
碎屑岩围岩的影响机理

5.1 辉绿岩侵入对变质泥岩储层形成的控制机理

泥岩本身不具备储集性能，但是在受热接触变质作用后，能够形成不同类型的储层空间，从而成为有效储集。高邮凹陷北斜坡地区阜宁组研究层段，由于辉绿岩的侵入作用，泥岩围岩被改造成有效储层(见第 3 章)；尽管松辽盆地南部团山子采石场变质泥岩(角岩)围岩表现出极低的孔隙度和渗透率，但受辉绿岩侵入后，形成不同类型的、与变质作用有关的储集空间(见第 4 章)。

一般认为，压实作用是泥岩孔隙消失的最主要因素。但在高邮凹陷北斜坡地区阜宁组研究层段(1500~2700m)，变质泥岩储层物性(孔隙度及渗透率)与埋藏深度无明显函数关系(图 5-1)，表明变质泥岩储集物性不受埋藏压实作用的控制。因此，可以推断，辉绿岩侵入造成的接触变质作用对变质泥岩围岩储层的形成和储集物性具有关键控制作用。其作用机理包括变质固结作用、热液破裂作用、冷凝收缩作用以及溶蚀作用。

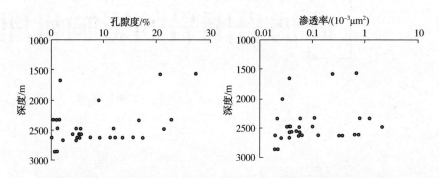

图 5-1 高邮凹陷北斜坡地区阜宁组研究层段变质泥岩储集物性与埋藏深度关系图

5.1.1 变质固结作用

辉绿岩侵入带来大量热量导致泥岩围岩迅速释放孔隙水和层间水，从而形成脆性的变质泥岩。在高温高压环境下，高邮凹陷北斜坡地区阜宁组和松辽盆地南部采石场露头泥质组分均转变成变质矿物，如绢云母、红柱石、堇青石等（图3-1c、d，图4-1c、d）。在高邮凹陷北斜坡地区阜宁组研究层段，由于热传递过程中热能散失，泥岩围岩所受侵入作用的影响随着离侵入体距离变远而减弱，从而形成围绕侵入体呈环带状分布的变质泥岩（图3-3）。而在松辽盆地南部团山子采石场露头，由于泥岩围岩厚度较薄，受接触热变质作用，泥岩围岩全部转变成角岩。

辉绿岩侵入除了带来大量的热量，还导致局部应力增加。因此，在辉绿岩侵位和构造运动双重作用下，脆化的变质泥岩在应力作用下发生破裂形成裂缝（图5-2）。在高邮凹陷北斜坡地区阜宁组，相比离侵入体较远的板岩围岩，靠近辉绿岩侵入体的角岩经历了更充分的变质作用，因此，中级变质带的角岩比低级变质带的板岩更容易固化和发生破裂；此外，随着距离变远，辉绿岩侵位所带来的应力逐渐减弱，因此，相较于距离较远的板岩，由于角岩经历更强烈的变质作用和应力破裂，故而所发育的裂缝规模更大（图5-3b）。相反，由于变质强度低和应力作用较小，板岩中裂缝规模较小（图5-3c）。而这些裂缝是重要的储集空间和渗流通道（表5-1）。因此，中级变质带的角岩比低级变质带的板岩裂缝更为发育，这在一定程度上解释了研究区阜宁组角岩比板岩具有更好储集性能。

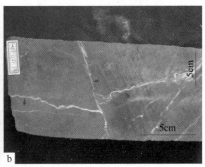

图5-2　高邮凹陷北斜坡地区阜宁组变质泥岩裂缝发育特征

a—开启裂缝，沙4井，2664.69m；b—填充裂缝，庄1井，1571.68m

5.1.2　热液破裂作用

岩浆在侵入和冷凝过程中释放大量高矿化度流体和酸性气体（如钙、

钾溶液、二氧化碳、硫化氢等），从而形成高温高压的热液流体。这些高
压流体切割母岩使其破裂并产生渗流通道，随着热液流体的增多，热液继
而向围岩中排泄。此外，在热烘烤作用下，泥岩围岩迅速发生脱水脱碳作
用。据研究，1kg 的泥岩可以产生 2mol 流体。这些瞬时形成的 C—H—O
流体造成异常高压从而向外排泄。上已述及，接触泥岩围岩在热作用下迅
速脆化；当流体压力超过岩石破裂压力之后，脆化泥岩产生压裂微裂缝
（图 3-6b）。因此，多期的岩浆侵入活动在泥岩围岩中形成大量热液微裂
缝，形成的热液继而填充于这些微裂缝中，形成碳酸盐脉。当这些碳酸盐
脉在有利的条件下发生溶蚀（下将述及）形成有利的储集空间和渗流通道
（表 5-1、图 3-6b）。相对于板岩，角岩围岩直接与辉绿岩侵入体相接触，
从而经历了更强烈的脱水脱碳作用；此外，岩浆热液首先释放到邻近的角
岩中，只有少量的热液穿透角岩围岩，继而被离侵入体较远的板岩所捕
获。因此，角岩热液微裂缝比板岩更为发育。这些微裂缝是重要的储集空
间和渗流通道（表 5-1），因此在一定程度上解释了高邮凹陷北斜坡地区阜
宁组角岩储集物性好于板岩储层（图 3-9a、b）。

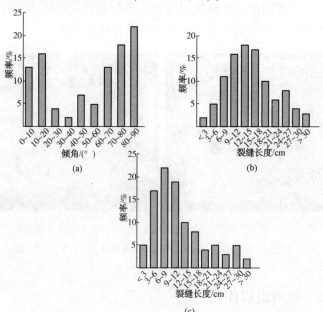

图 5-3　高邮凹陷北斜坡地区阜宁组变质泥岩裂缝发育定量统计
a—裂缝发育频率分布；b—角岩裂缝长度分布；c—板岩裂缝长度分布

表5-1 高邮凹陷北斜坡地区阜宁组变质泥岩薄片统计孔隙度

孔隙类型		构造裂缝	热液微裂缝	收缩微裂缝	解理缝	晶间微孔	溶蚀微孔	合计	数量
孔隙度（范围/平均值,%）	角岩	(0~7)/3	(2~7)/2.7	(0~1.5)/0.8	(0~1)/0.2	(0~2)/1.6	(1.5~7)/3	(3.2~16)/11.3	46
	板岩	(0~5)/1.7	(0~4)/0.3	(0~1)/0.2	(0~1)/0.2	(0~1)/0.2	(1~5)/2.5	(2~12)/5.1	24

5.1.3 冷凝收缩作用

岩石中不同矿物组分通常具有不同热伸缩特征。因此，当岩石加热或冷凝时，由于不同矿物组分表现出不同伸展或收缩程度，导致接触面产生热应力，从而导致岩石破裂。上已述及，辉绿岩侵入带来的高温导致接触泥岩热变质，从而形成脆性变质岩。在侵入过后的冷凝过程中，由于变质泥岩中不同矿物组分具有不同收缩程度，从而发生脆性破裂以释放热应力，其结果是形成大量微裂缝和微孔隙（图3-6c、e）。王军等对高邮凹陷阜宁组变质泥岩裂缝发育定量分析表明，在更靠近辉绿岩侵入体的位置，收缩微裂缝更发育。这与本次研究统计结果相一致（表5-1）。冷凝收缩形成的微裂缝对整体孔隙度的增加有限，但这些微裂缝广泛发育并沟通其他孔隙，从而改善储层性能。相较而言，高邮凹陷北斜坡地区阜宁组角岩比板岩具有更好的储层物性（图3-9a、b），其中一个重要原因是角岩中冷凝收缩微裂缝更发育。

5.1.4 溶蚀作用

岩浆活动后期，不稳定矿物（如基性斜长石）在酸性条件下易发生溶蚀，这种溶蚀作用是岩浆岩形成油气储层的重要成岩过程。变质泥岩围岩与侵入岩紧密接触，因此两者处于相似的溶蚀环境：首先，少量岩浆组分由于同化混染作用进入泥岩围岩从而提供不稳定矿物，继而发生溶蚀；其次，上已述及，逐渐累积的岩浆流体在高压条件下使得围岩变质泥岩被挤压破裂，从而流体进入其中，提供必要的溶蚀流体。

高邮凹陷北斜坡地区阜宁组溶蚀流体可能包括如下三个来源：岩浆脱气、有机质向油气转化以及大气淡水淋滤。首先，随着岩浆上侵和地层压力降低，岩浆体释放大量二氧化碳气体，从而形成酸性液体。其次，阜宁组二段和四段为盆地范围内的烃源岩层，在岩浆热量作用下，这些烃源岩迅速进入"生油窗"，在该时期有机质向油气转化时形成大量的有机酸流体。此外，三垛运动造成高邮凹陷抬升，埋深相对较浅的北斜坡地区被抬升至近地表，同时形成了大量的张性断层(图2-2)，这种环境下阜宁组可能与富含二氧化碳的大气淡水沟通，从而形成酸性环境。总而言之，有机质的降解和岩浆脱气产生了大量的有机酸和无机酸；同时，辉绿岩侵入提供了大量的碱性阳离子(如铁、镁、钙离子)。碳酸和碱性阳离子在高压下被挤入变质泥岩的裂缝和微裂缝中，在冷凝后形成碳酸盐脉[图3-12a、图5-2b、式(5-1)]。随着后期持续的侵入活动以及有机质的降解，先前所形成的碳酸盐矿物相继被溶蚀[式(5-2)]。从而，变质泥岩裂缝和微裂缝重新开启(图3-6b)。由于构造裂缝和热液微裂缝是重要的储集空间和渗流通道(表5-1)，故而其中碳酸盐脉的溶蚀对储层性能的改善具有重要意义。此外，变质泥岩中的基质颗粒和黏土矿物在酸性环境下也能发生溶蚀。例如，变质泥岩中的少量长石颗粒来源于原生沉积或是(以及)岩浆混入，这些长石组分在酸性环境下可以发生蚀变，如长石蚀变产生高岭石[式(5-3)，式(5-4)]，从而形成溶蚀微孔(图3-6f)。高岭石在酸性环境下稳定存在，但是在高温条件下继续和剩余的钾长石反应形成伊利石，形成自生石英沉淀副产物[式(5-5)]。这些由溶蚀作用形成的次生孔隙在很大程度上被原地沉淀副产物所充填(如高岭石、伊利石以及自生石英)。因此，尽管基质颗粒和黏土矿物的广泛溶蚀形成大量孔隙空间，但由于这些储集空间非常小并且连通性差(图3-6f)，故而对有效孔隙度的改善贡献非常有限。

$$M^{2+} + CO_2 + H_2O \rightarrow MCO_3(碳酸盐)(M^{2+} = Ca^{2+}, Fe^{2+}, Mg^{2+}) \quad (5-1)$$
$$MCO_3(碳酸盐) + CO_2 + H_2O \rightarrow M^{2+} + 2HCO_3^-$$

$$(M^{2+} = Ca^{2+}, Fe^{2+}, Mg^{2+}) \tag{5-2}$$

$$2KAlSi_3O_8(钾长石) + 2H^+ + 9H_2O \rightarrow Al_2Si_2O_5(OH)_4$$
$$(高岭石) + 4H_4SiO_4 + 2K^+ \tag{5-3}$$

$$CaAl_2Si_2O_8(钾长石) + H_2CO_3 + H_2O \rightarrow CaCO_3(方解石) +$$
$$Al_2Si_2O_5(OH)_4(高岭石) \tag{5-4}$$

$$KAlSi_3O_8(钾长石) + Al_2Si_2O_5(OH)_4(高岭石) \rightarrow 2SiO_2(石英) +$$
$$KAl_3Si_3O_{10}(OH)_2(伊利石) + H_2O \tag{5-5}$$

与高邮凹陷北斜坡地区阜宁组角岩不同的是，松辽盆地南部团山子采石场露头角岩中所发育的微裂缝几乎全被热液矿物所充填(图4-5c)。上已述及，阜宁组地层最主要的储集空间和渗流通道是广泛发育的开启性微裂缝，其中一个重要原因是同期和后期的有机质生烃形成的酸性环境对微裂缝中填充的碳酸盐矿物产生溶蚀，从而形成开启的微裂缝。相反，团山子采石场露头角岩处于碱性环境而不利于热液微裂缝的溶蚀(见第4章)，从而导致其具有极低的孔隙度(平均1.7%)和渗透率(小于$0.1 \times 10^{-3} \mu m^2$)。因此，变质作用是泥岩成为油气储层的基础，而后期微裂缝的溶蚀对变质泥岩储层的形成具有关键控制作用。

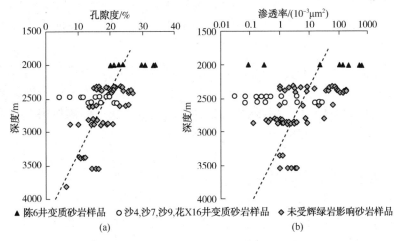

▲陈6井变质砂岩样品　○沙4,沙7,沙9,花X16井变质砂岩样品　◇未受辉绿岩影响砂岩样品

图5-4　研究区阜宁组变质砂岩与正常砂岩孔隙度(a)及渗透率(b)与深度关系图

5.2　辉绿岩侵入对变质砂岩储层形成的影响机理

在岩浆侵位前，沉积相及沉积微相对碎屑岩成分、结构以及储层质量
具有重要的控制作用。如高邮凹陷北斜坡地区阜宁组砂岩主要为湖泊三角
洲前缘沉积，不同微相储集性能差别很大。水下分流河道[平均孔隙度、
渗透率分别为 15%~30%、(20~1000)×10⁻³ μm²] 和河口坝[平均孔隙度、
渗透率分别为 15%~30%、(10~1000)×10⁻³ μm²] 通常具有较好储集物性。
相反，前缘席状砂储集性能较差[孔隙度范围为 10%~20%、渗透率范围为
(1~30)×10⁻³ μm²]。本次研究区砂岩类型主要为席状砂微相的长石岩屑砂
岩和长石质岩屑砂岩，故而整体储集物性较差。因此，沉积微相对储集性
能具有重要的控制作用。此外，对本次研究阜宁组砂岩而言，发生在成岩
早期的埋藏压实作用是另一重要成岩因素，对孔隙的演化具有重要作用。
从图 5-4 可知，变质砂岩和正常砂岩样品储集物性均有随着埋藏深度加大
而减小的趋势。整体上，变质砂岩在约 2000m 处物性较好，其孔隙度为 20%
~30%，孔隙类型主要为连通性较好的粒间孔。而在埋深 2500m 左右处，孔
隙度下降至 5%~20%，渗透率普遍低于 10×10⁻³ μm²。其孔隙类型主要为粒
间(溶蚀)孔和溶蚀微孔。很明显，连通性好的粒间孔由于压实作用而消失。

除了沉积微相和埋藏压实控制作用之外，辉绿岩侵入同样对围岩储层
具有重要的控制作用，其控制机理包括物理挤压作用、溶蚀作用以及胶结
作用。其作用分述如下。

5.2.1　物理挤压作用

岩浆侵入对砂岩围岩造成巨大挤压作用。在持续物理挤压作用下，
砂岩碎屑颗粒发生重新排列并变得致密，继而发生压溶作用，从而对变
质围岩储层物性造成不利影响。但是，由于颗粒变形，应力得到释放，
因此这种挤压作用随着离侵入体距离变远而逐渐减弱。这种物理挤压作
用最直接的证据就是形成微观构造，如碎屑颗粒破裂和削平。无论在高

108

邮凹陷北斜坡地区阜宁组变质砂岩，还是松辽盆地南部团山子采石场露头变质砂岩中，均可观察到石英颗粒破裂(图4-5f、图5-5a)，但这种现象并不普遍存在，这主要是由于大量初始的微裂缝在持续高温高压环境下发生压溶作用被愈合。同时，在离侵入体较近处，广泛可见碎屑颗粒的缝合接触和线接触(图5-5b)，也反映了强烈的挤压环境。同时，压溶作用产生硅质溶液，这些溶液在离侵入体较近部位由于热液循环流速大并且缺少空间容易形成石英微晶沉淀，这与高邮凹陷北斜坡阜宁组和松辽盆地南部团山子采石场变质砂岩所观察特征相符，即在离辉绿岩较近处变质砂岩中广泛发育枝条状、纤维状石英微晶(图4-5d、图5-5c)，反映了高温压溶作用下的产物。

5.2.2　溶蚀作用

岩浆侵入在孔隙性砂岩围岩中引发热对流，继而造成物质运移和热量传递。上已述及，物理挤压作用在靠近侵入体部位强烈，而在远离侵入体部位逐渐减弱。因此，在相对远离侵入体部位，砂岩围岩更大程度上受控于高温热液流体作用，而受挤压破裂作用影响较小。岩浆侵入带来的高温导致黏土矿物绢云母化或绿泥石化，而岩浆侵入引发的热对流作用加剧了水—岩反应从而造成砂岩围岩的溶蚀。高邮凹陷北斜坡阜宁组研究层位变质砂岩的溶蚀包括颗粒的溶蚀(主要为钾长石)和填隙物的溶蚀(主要为碳酸盐矿物和少量黏土矿物)(图5-5d、e)。溶蚀机理与上述变质泥岩溶蚀相似。值得注意的是，砂岩围岩中碳酸盐胶结物和基质长石的含量远高于对应的变质泥岩中的碳酸盐脉和长石颗粒，因此，碳酸盐和长石颗粒的溶蚀对变质砂岩储集物性的改善更为重要。这与变质砂岩储层特征相吻合：即溶蚀孔(包括粒间溶蚀孔和粒内溶孔)是其主要的储集空间(表5-2、表5-3)。

表5-2　高邮凹陷北斜坡阜宁组陈6井变质砂岩薄片统计孔隙度

孔隙类型	原生粒间孔	粒间溶蚀孔	铸模孔	粒内溶孔	合计	薄片数
孔隙度（范围/平均值,%）	10~16/13.3	8~14/10.8	0~4.8/3.2	2~8/4.2	28~34/31.5	7

注：样品深度范围为1957.43~2008.5m。

表 5-3 高邮凹陷北斜坡阜宁组变质砂岩薄片统计孔隙度(陈 6 井除外)

孔隙类型	粒间溶蚀孔	粒内溶孔	铸模孔	超大孔	溶蚀微孔	合计	薄片数
孔隙度(范围/平均值,%)	(4~13)/8.5	(3~5.5)/4.3	(0~3.5)/2	(0~5)/1.7	(0.5~1.5)/1	(11~22)/17	37

5.2.3 胶结作用

岩浆活动引发热液对流造成强的水—岩作用,从而形成多种自生矿物,如石英、绢云母、伊利石及绿泥石等[式(5-3)~式(5-5)]。上已述及,一些自生矿物(如绢云母)指示了成岩过程中的异常高温环境,因为在正常埋藏成岩过程中不可能形成这些矿物。此外,异常高温场造成对温度敏感矿物(如石英和碳酸盐)的重新分布。因此,研究这些自生矿物的形成和分布对了解其对接触变质岩储层质量的影响具有重要意义。由于与侵入体接触的砂岩围岩处于超出正常成岩温度范围的环境,相应地出现变质矿物或是热液改造形成的矿物类型。随后,这些矿物在热液对流下发生运移,在适当的条件下沉淀下来以胶结物的形式填充孔隙空间,从而对储层造成不利影响。本次高邮凹陷北斜坡地区和团山子采石场露头变质砂岩中,由辉绿岩侵入形成的胶结物主要有自生石英、碳酸盐以及自生黏土矿物。

(1)石英胶结。石英胶结是碎屑岩储层中最为常见的成岩作用,对碎屑岩储层质量具有重要控制作用。石英胶结可发生于广泛的深度和成岩阶段,其硅质可能有多种来源。在高邮凹陷北斜坡地区,阜三段(E_1f_3)未受辉绿岩侵入影响的砂岩发育多期具不同包裹体温度的石英次生加大,其硅质主要来源于长石溶蚀、黏土转化、压溶作用以及大气淡水回流作用。而在受辉绿岩侵入影响的变质砂岩中,长石溶蚀和挤压溶蚀加剧(图 5-5c、d),从而提供额外的硅质来源。在热液对流作用下,这些硅质继而在较短时间内被运移至距离侵入体较远处沉淀形成石英次生加大,从而接触变质砂岩中石英次生加大含量通常比正常砂岩含量高(约高于 3%~5%,图 5-5f、g)。而在团山子采石场露头变质砂岩中,在离侵入体较近处普遍发育石英微晶,而在远离侵入体砂岩处,主要发育石英次生加大。这种不同特征的石英胶结分布与下覆岩浆侵入活动密切相关。下覆岩浆侵入，导致其紧密接触泥岩快速脱水，形成热液流体；同时，岩浆侵入导致等温线倾斜，发生热对流作用。Heald 等通过研究表明，偏碱性溶液(由 NaOH、Na_2CO_3、K_2CO_3 组成)在石英颗粒填充组成的介质流动过程中，在流体与颗粒接触处，由于流速快、流体浓度高从而使得颗粒发生溶蚀形成的二氧化硅流体形成石英微晶附着于石英颗粒上，而在较远处，由于流速变缓有利于二氧化硅的缓慢沉淀，从而形成石英次生加大。很显然，研究露头岩浆侵入造成的热液流体扮演了这一"碱性溶液"的角色。泥岩快速脱水形成的热液流体，携带大量受高温而溶解的二氧化硅溶液向上运移，在下部，由于流体浓度集中而形成石英微晶，然后在上端由于流速变缓而发生缓慢沉淀而形成次生加大。远离侵入体一端的石英次生加大边中流体包裹体具有高的均一化温度(图 4-7)，证实了该石英胶结类型与高温辉绿岩侵入有关。

因此，辉绿岩侵入引发的热液流体导致了区别于正常成岩作用的石英胶结，而这些强烈的胶结作用占据孔隙空间而使得砂岩围岩储集性能变差。

(2) 碳酸盐胶结。与石英胶结不同，碳酸盐胶结对储集性能具有双重影响。一方面，碳酸盐胶结物堵塞孔隙或喉道，从而降低储层质量；另一方面，碳酸盐胶结物的形成对碎屑颗粒起到一定支撑作用从而减缓压实作用，当这些胶结物后期溶蚀则形成有利储集空间。上已述及，在高邮凹陷北斜坡地区阜宁组所研究层位辉绿岩侵入前形成的碳酸盐矿物由于酸性热液流体作用被溶蚀(反应方程式 2)，进而形成次生孔隙，在一定程度上改善储层储集性能。但是，溶蚀组分富含 Ca^{2+}，Fe^{2+} 以及 HCO_3^- 等不稳定离子，这些离子在热液对流作用下发生运移，在距离侵入体较远处由于流体流速降低重新发生沉淀$[2M(HCO_3)_2 = 2MCO_3 + CO_2 + H_2O\ (M = Ca, Fe, Mg)]$。此外，热液流体富含大量二氧化碳和金属离子(如铁、镁、钙离子等)，易于在孔隙空间中形成碳酸盐胶结(实际上，在受岩浆侵入影响地区，发育在接触变质砂岩中的碳酸盐矿物通常与侵入作用下的热液流体有关)，因此，之前溶蚀的碳酸盐矿物的重新沉淀和热液流体带来的碳酸盐矿物沉淀形成新的胶结物从而对储层造成不利影响(图 5-5f)。

(3) 此外，自生黏土矿物也能发生沉淀。自生黏土矿物是颗粒溶蚀或黏土矿物转化的副产物[式(5-3)~式(5-5)]。这些自生黏土矿物在热液对流作用下发生运移和重新堆积，继而填充于孔隙、颗粒表面或孔隙喉道（图4-3b、图5-5f、h），从而降低储集性能。

整体而言，在高邮凹陷北斜坡地区阜宁组所研究变质砂岩层段中，与辉绿岩侵入体紧密接触部位（0~6m），物理挤压作用调整碎屑颗粒排列而降低粒间孔隙；同时自生石英微晶堵塞孔隙喉道，因此降低变质砂岩围岩储集性能。在距离辉绿岩侵入体稍远处（6~12m），物理挤压作用减弱，而热液对流造成的溶蚀作用占主导地位，从而在一定程度上改善储层质量。在距离辉绿岩侵入体更远处（大于12m），由于热液流体流速降低发生自生矿物沉淀，继而造成变质砂岩储集性能降低（图3-9c、d）。

图5-5　高邮凹陷北斜坡地区阜宁组受辉绿岩影响的变质砂岩微观构造与矿物学特征

图 5-5 高邮凹陷北斜坡地区阜宁组受辉绿岩影响的变质砂岩微观构造与矿物学特征(续)

a—石英颗粒破裂，花 X16 井，2482.45m，正交光；b—颗粒缝合—线接触，花 X16 井，2915.14m，单偏光；c—栉状石英微晶，沙 4 井，2763.70m，扫描电镜；d—长石颗粒溶蚀，沙 4 井，2767.26m，扫描电镜；e—自生高岭石溶蚀，沙 4 井，2768.05m，扫描电镜；f—石英次生加大填充孔隙，自生黏土覆盖颗粒表面，沙 4 井，2768.05m，扫描电镜；g—变质砂岩中石英次生加大含量较高，花 X16 井，2481.11m，正交光；h—自生高岭石、绿泥石填充孔隙，沙 4 井，2766.36m，扫描电镜；qu—石英；F—长石；m. q.—自生石英微晶；q. o.—石英次生加大；il—伊利石；ka—高岭石；ch—绿泥石

　　而在团山子采石场研究露头的变质砂岩，表现出相似的趋势。对于变质砂岩储层而言，由于缺少未受侵入体影响的正常砂岩样品作为对比，因此无法厘定侵入体对砂岩储集性能的影响程度。但是，根据自生矿物和储集物性来看，辉绿岩的侵入导致或是加剧了砂岩的非均质性。从自生矿物分布来看，热液流体向上流动，导致靠近侵入体位置黏土矿物被带走和形成石英微晶；而在离辉绿岩较远处，形成石英次生加大和黏土矿物的堆积。从储集物性看，在离侵入体较近处，尽管热液流动冲刷了处于未固结状态的黏土矿物，但是岩浆侵入带来的应力挤压作用极大地降低了砂岩孔

隙；同时，形成的石英微晶填充孔隙从而减小砂岩孔隙度。在侵入体远端，由于热液携带的黏土矿物堆积和石英次生加大，从而造成砂岩孔隙度的降低。而介于两者之间的部位，由于侵入挤压程度降低，并且所携带的黏土矿物"过路"而未填充孔隙空间，因此该部位相较离侵入体较近处或较远处，具有相对较好的储集性能(图4-8)。

5.3　变质围岩储层发育模式

正如第1章第2节所述，岩浆侵入作用对储层性质的改造或影响与诸多因素有关，包括侵入体产状与规模、侵入时围岩类型及成岩阶段等。本次研究部位(包括高邮凹陷北斜坡地区阜宁组和松辽盆地南部团山子采石场露头)均为辉绿岩呈岩床顺层侵入固结或半固结碎屑岩围岩，并且受取样(钻井岩心和露头取样)所限，所研究部位均为辉绿岩体上部变质围岩。在此限定条件下，根据上述研究，可建立变质围岩储层发育模式。

5.3.1　变质泥岩围岩储层发育模式

辉绿岩顺层侵入半固结—固结泥岩围岩后，形成接触变质泥岩储层，其储层发育模式总结如图5-6所示。对上部变质泥岩而言，中级变质带(角岩带)和低级变质带(板岩带)围绕侵入体呈环带状展布。不同变质带具有不同的储集物性：中级变质带(角岩带)由于受强烈的热变质和挤压作用而发育大量(微)裂缝，从而具有良好储集物性。相反，低级变质带(板岩带)所受热变质和挤压作用减弱而裂缝较少发育，从而储集性能较差。

5.3.2　变质砂岩围岩储层发育模式

受辉绿岩顺层侵入影响的上部变质砂岩储层发育模式总结如图5-7所示。对变质砂岩而言，其变质程度不如变质泥岩明显，仅仅表现为泥质组分的广泛绢云母化或绿泥石化。此外，变质砂岩储集发育特征更为复杂：

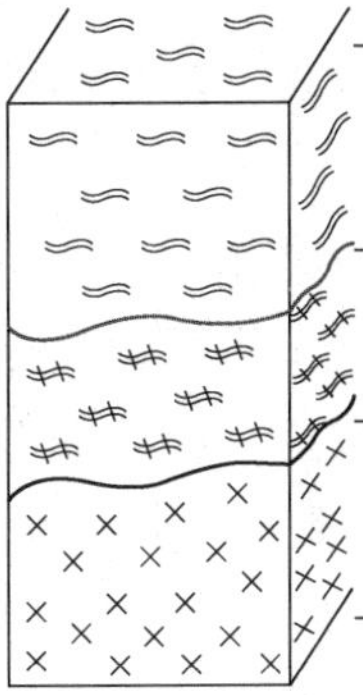

岩性	相带	识别特征	储集空间类型	裂缝发育特征	储集性能
板岩	低级变质带	绢云母化绿泥石化	(微)裂缝(溶蚀)微孔	不发育	较差
角岩	中级变质带	堇青石红柱石	(微)裂缝(溶蚀)微孔	较发育	较好
辉绿岩	侵入带	辉绿-次辉绿结构	气孔(微)裂缝(溶蚀)微孔		

图 5-6 辉绿岩顺层侵入上部变质泥岩储层发育模式

在与辉绿岩紧密接触处或远离辉绿岩部位，由于物理挤压作用或胶结作用而使得砂岩围岩储层变差；而在距离侵入体适中部位，由于热液流体介入发生溶蚀而使得砂岩围岩储层得到一定程度的改善，但总体来讲，相比研究区未受辉绿岩影响的砂岩储层，变质砂岩的储集物性由于侵入体的影响而变差(图 3-10)。

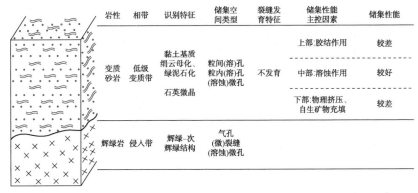

岩性	相带	识别特征	储集空间类型	裂缝发育特征	储集性能主控因素	储集性能
变质砂岩	低级变质带	黏土基质绢云母化、绿泥石化 石英微晶	粒间(溶)孔粒内(溶)孔(溶蚀)微孔	不发育	上部:胶结作用	较差
					中部:溶蚀作用	较好
					下部:物理挤压、自生矿物充填	较差
辉绿岩	侵入带	辉绿-次辉绿结构	气孔(微)裂缝(溶蚀)微孔			

图 5-7 辉绿岩顺层侵入上部变质砂岩储层发育模式

5.4 小　结

(1) 辉绿岩侵入作用将非渗透泥岩围岩改造成变质泥岩有利储层，其作用机理包括固结破裂、热液作用、冷凝收缩和溶蚀作用，其中溶蚀作用是有利储层形成的关键。距离侵入体越近，上述作用越强烈，储集物性越好，反之越差。

（2）辉绿岩侵入通过造成物理挤压、溶蚀作用以及胶结作用，从而使得砂岩围岩储层物性复杂化：在离侵入体较近处，物理挤压作用调整碎屑颗粒排列而减少粒间孔隙；同时自生石英微晶堵塞孔隙喉道，因此降低变质砂岩围岩储集性能。在距离辉绿岩侵入体稍远处，物理挤压作用减弱，而热液对流造成的溶蚀作用占主导地位，从而在一定程度上改善储层质量。在距离辉绿岩侵入体更远处，由于热液流体流速降低发生自生矿物沉淀形成胶结物，继而造成变质砂岩储集性能降低。溶蚀作用在一定程度上改善了变质砂岩储层孔隙，但是其贡献不能弥补物理挤压、自生矿物充填以及强烈胶结作用造成的孔隙减小，因此整体上，辉绿岩侵入对砂岩围岩具有不利影响。

第6章

结　论

本书以苏北盆地高邮凹陷北斜坡地区阜宁组和松辽盆地南部团山子采石场辉绿岩侵入部位为研究实例，利用油田实例变质围岩类型多样的特点和露头连续密集取样的优势，系统研究辉绿岩侵入后砂、泥岩围岩的特征，从而讨论辉绿岩侵入对围岩的改造或影响机理。针对本次研究，主要得到如下结论。

（1）辉绿岩侵入后，围岩发生变质。高邮凹陷北斜坡阜宁组泥岩由于不同程度变质被改造成板岩或是角岩：与辉绿岩侵入体紧密接触带，受热变质作用强烈，泥岩变质形成角岩；而远离侵入体处，热变质作用相对较弱，泥岩变质形成板岩。在松辽盆地南部团山子采石场露头处，由于泥岩发育厚度较薄，整体变质成角岩。绢云母化程度反映了泥岩的变质程度，绢云母含量越高，反映黏土矿物变质结晶程度越高，因此变质程度也越高。相比泥岩围岩，砂岩围岩对热作用敏感度较低，因而变质程度较低，阜宁组和采石场露头变质砂岩的变质特征表现为黏土基质的绢云母化或绿泥石化。

（2）高邮凹陷北斜坡阜宁组变质泥岩储层与侵入的辉绿岩形成侵入岩-外变质带复合储层，由侵入岩中心到接触变质岩依次形成4个相带，包括侵入体中心相、侵入体边缘相、中级变质相和低级变质相，发育的岩石类型分别为辉绿岩、角岩和板岩。受控于不同成岩控制因素，其成岩演化可分为4个阶段，即固结成岩阶段、热液作用阶段、广泛溶蚀阶段及埋藏成岩阶段，对应的成岩事件分别为结晶与变质结晶作用、热液填充与交代蚀变作用、溶蚀作用及埋藏压实作用。

（3）在高邮凹陷北斜坡地区，阜宁组泥岩在辉绿岩侵入和变质过程中形成一系列储集空间，包括构造裂缝、热液微裂缝、冷凝收缩缝、解理缝、（溶蚀）微孔等，从而将研究层位非渗透性泥岩改造成有利储层，其中广泛发育的裂缝和微裂缝是变质泥岩最主要的孔隙空间和渗流通道。而在团山子采石场露头中，尽管在侵入体挤压作用和热液作用下，角岩围岩广泛发育微裂缝，但这些微裂缝均被碳酸盐矿物所充填，因而储集物性很差。

（4）对比泥岩围岩，受侵入接触变质作用后，砂岩围岩并没有产生新的孔隙类型。其储集空间类型与正常砂岩类似，主要包括原生粒间孔、粒间溶孔、粒内溶孔、铸模孔、超大孔以及微溶孔等。此外，变质砂岩在辉绿岩侵入过程中没有形成（微）裂缝。

（5）辉绿岩侵入对围岩主要通过大量热量、局部挤压和热液流体产生影响。变质泥岩储层的形成受控于辉绿岩侵入作用，其控制因素主要包括固结破裂、热液作用、冷凝收缩以及溶蚀作用。由于距离侵入体越近，变质作用越强烈，固结破裂、热液活动等作用亦更强烈，因此，高邮凹陷北斜坡阜宁组变质泥岩中，中级变质带的角岩比低级变质带的板岩裂缝更为发育，故而相较板岩，变质程度更大的角岩具有更好的储集性能。

（6）溶蚀作用对变质泥岩储层的形成具有重要控制作用。高邮凹陷北斜坡地区阜宁组由于有机质向油气转化和潜在的大气淡水淋滤作用，在辉绿岩侵入的很长地质时期内处于酸性环境，这种环境有利于早期碳酸盐充填物的溶蚀，从而形成有利变质泥岩储层。相反，团山子采石场研究露头中角岩发育的"气孔—杏仁"构造、杏仁体被浊沸石充填以及辉石的混入表明，辉绿岩侵入发生时泥岩处于未固结—半固结阶段，同时，露头角岩中黏土矿物特征和沸石杏仁体填充反映了碱性变质—成岩环境，这种环境不利于微裂缝中早期形成的碳酸盐充填物的溶蚀，因此导致研究露头角岩储集物性很差。

（7）辉绿岩侵入对砂岩围岩则主要通过物理挤压、引发胶结和溶蚀对其储集性能产生影响。岩浆侵入作用造成的热液流动导致或加剧自生矿物的不均匀分布，继而加剧砂岩储层的非均质性。在离侵入体较近处，物理挤压作用调整碎屑颗粒排列而降低粒间孔隙；同时自生石英微晶堵塞孔隙喉道，因此降低变质砂岩围岩储集性能。在距离辉绿岩侵入体稍远处，物理挤压作用减弱，而热液对流造成的溶蚀作用占主导地位，从而在一定程度上改善储层质量。在距离辉绿岩侵入体更远处，由于热液流体流速降低发生自生矿物沉淀形成胶结物，继而造成变质砂岩储集性能降低。溶蚀作用在一定程度上增加了变质砂岩储层孔隙，但是其贡献不能弥补物理挤压、自生矿物充填以及强烈胶结作用造成的孔隙降低，因此整体上，辉绿岩侵入对砂岩围岩具有不利影响。

（8）辉绿岩顺层侵入后形成不同变质围岩储层发育模式，即距辉绿岩侵入体不同距离，变质泥岩和变质砂岩储层物性具有不同发育特征：变质泥岩储集物性随着与侵入体距离变远，储集物性逐渐变差。而变质砂岩孔、渗值与距侵入体距离呈抛物线关系，即与辉绿岩侵入体紧密接触或是远离侵入体处，孔、渗值较低，而在中部距离处，孔、渗值较高。

参 考 文 献

[1] WU C, GU L, ZHANG Z, et al. Formation mechanisms of hydrocarbon reservoirs associated with volcanic and subvolcanic intrusive rocks: Examples in Mesozoic – Cenozoic basins of eastern China[J]. AAPG Bulletin, 2006, 90(1): 137–147.

[2] DELPINO D H, BERMUDEZ A M. Petroleum systems including unconventional reservoirs in intrusive igneous rocks (sills and laccoliths)[J]. Leading Edge, 2009, 28(7): 804.

[3] 张映红, 顾家裕. 热液环流: 侵入岩-外变质带储层发育的重要影响因素[J]. 特种油气藏, 2003, 10(1): 86–89.

[4] SIMONEIT B R T, BRENNER S, PETERS K E. Thermal alteration of Cretaceous black shale by basaltic intrusions in the eastern Atlantic[J]. Nature, 1978, 273(5663): 501–504.

[5] LEIF R N, SIMONEIT B R T. Ketones in hydrothermal petroleum and sediment extracts from Guaymas Basin, Gulf of California[J]. Organic Geochemistry, 1995, 23: 889–904.

[6] GIRARD J P, DEYNOOUX M, NAHON D. Diagenesis of the Upper Proterozoic siliciclastic sediments of the Taoudeni Basin (West Africa) and relation to diabase emplacement[J]. Journal of Sedimentary Petrology, 1989, 59(2): 233–248.

[7] 陶洪兴, 徐元秀. 热液作用与油气储层[J]. 石油勘探与开发, 1994, 21(6): 92–98.

[8] SUMMER N S, AYALON A. Dike intrusion into unconsolidated sandstone and the development of quartzite contact zones[J]. Journal of Structural Geology, 1995, 17(17): 997–1010.

[9] LUO J, MORAD S, LIANG Z, et al. Controls on the quality of Archean metamorphic and Jurassic volcanic reservoir rocks from the Xinglongtai buried hill, western depression of Liaohe Basin, China[J]. AAPG Bulletin, 2005, 89(10): 1319–1346.

[10] 刘魁元, 康仁华, 武恒志, 等. 罗151井区侵入岩油藏储集层分布及成藏特征. 石油勘探与开发, 2000, 27(6): 16–18.

[11] 张小莉, 冯乔, 查明, 等. 惠民凹陷岩浆作用对碎屑岩储层的影响[J]. 地质学报, 2008, 82(5): 655–662.

[12] MCKINLEY J M, WORDEN R H, Ruffell A H. Contact diagenesis: the effect of an intrusion on reservoir quality in the Triassic Sherwood sandstone group, northern Ireland[J]. Journal of Sedimentary Research, 2001, 71(3): 484–495.

[13] EINSELE G, GIESKES J M, CURRAY J, et al. Intrusion of basaltic sills into highly porous sediments, and resulting hydrothermal activity. Nature, 1980, 283(5746),

441-445.

[14] OTHMAN R, AROUR K R, WARD C R, et al. Oil generation by igneous intrusions in the northern Gunnedah Basin, Australia[J]. Organic Geochemistry, 2001, 32(10): 1219-1232.

[15] KINGSTON D R, DISHROON C P, Williams P A. Hydrocarbon plays and global basin classification[J]. Oil&Gas Journal, 1985, 6: 265-270.

[16] 张翠梅, 李琦, 苏明. 济阳坳陷罗151井区火成岩储层特征[J]. 天然气勘探与开发, 2006, 29(3): 17-20.

[17] 操应长, 姜在兴, 邱隆伟. 山东惠民凹陷商741块火成岩油藏储集空间类型及形成机理探讨[J]. 岩石学报, 1999, 15(1): 129-136.

[18] 冯乔, 汤锡元. 岩浆活动对油气藏形成条件的影响[J]. 地质科技情报, 1997, 16(4): 59-65.

[19] 叶绍东, 郑元财, 卢黎霞. 高邮凹陷辉绿岩变质带储集条件分析[J]. 复杂油气藏, 2010, 3(1): 20-22.

[20] 李亚辉. 高邮凹陷北斜坡辉绿岩与油气成藏[J]. 地质力学学报, 2000, 6(2): 18-21.

[21] 毛凤鸣. 高邮凹陷北斜坡辉绿岩形成时期的确定及其与油气关系[J]. 石油勘探与开发, 2000, 27(6): 19-20.

[22] DOW W G. Kerogen studies and geological interpretations[J]. Journal of Geochemical Exploration, 1977, 7(2): 79-99.

[23] ROS L F D. Heterogeneous generation and evolution of diagenetic quartzarenites in the Silurian-Devonian Furnas Formation of the Parana Basin, Southern Brazil[J]. Sedimentary Geology, 1998, 116(1-2): 99-128.

[24] 王颖, 谢东霖, 薛成刚. 辉绿岩侵入作用对油气储层的影响—以高邮凹陷北斜坡中东部地区阜三段为例[J]. 石油天然气学报, 2010, 32(2): 174-177.

[25] JAEGER J C. The temperature in the neighbourhood of a cooling intrusive sheet[J]. America Journal of Science, 1957, 225: 306-318.

[26] JAEGER J C. Temperatures outside a cooling intrusive sheet[J]. America Journal of Science, 1959, 257: 44-54.

[27] BRAUCKMANN F J, FUCHTBAUER H. Alterations of cretaceous siltstones and sandstones near basalt contacts (Nûgssuaq, Greenland)[J]. Sedimentary Geology, 1983, 35(35), 193-213.

[28] 刘立, 彭晓蕾, 高玉巧, 等. 东北及华北含油气盆地岩浆活动对碎屑岩的改造与成岩作用贡献[J]. 世界地质, 2003, 22(4): 319-325.

[29] JOHN V W, Philip M O. Volatile production and transport in regional metamorphism

[J]. Contributions to Mineralogy and Petrology, 1982, 79(3): 252-257.

[30] GEORGE C F, HAROLD C H. Equilibrium and mass transfer during progressive meta-morphism of siliceous dolomites[J]. America Journal of Science, 1983, 283(3): 230-286.

[31] 刘超, 谢庆宾, 王贵文, 等. 岩浆侵入作用影响碎屑围岩储层的研究进展与展望[J]. 地球科学进展, 2015, 30(6): 654-667.

[32] 钱峥. 济阳坳陷罗15块火成岩油藏储集层概念模型[J]. 石油勘探与开发, 1999, 26(6): 72-75.

[33] 康仁华, 刘魁元, 钱峥. 罗家地区下第三系辉绿岩建造及成藏特征[J]. 特种油气藏, 2000, 7(2): 8-11.

[34] 吴小洲. 辉绿岩及其接触变质岩储层简介[J]. 石油勘探与开发, 1989, 3: 72-75.

[35] GALLAGHER J J, FRIEDMAN M, HANDIN J, et al. Experimental studies relating to microfracture in sandstone[J]. Tectonic physics, 1974, 21: 203-247.

[36] SPRUNT E S, NUR A. Destruction of porosity through pore pressuresolution[J]. Geo-physics, 1977, 42: 726-741.

[37] LUAN F C, PATERSON M S. Preparation and deformation of synthetic aggregates of quartz[J]. Geophysical Research, 1992, 97: 301-320.

[38] 刘立, 于均民, 孙晓明, 等. 热对流成岩作用的基本特征与研究意义[J]. 地球科学进展, 2000, 15(5): 583-585.

[39] WOOD J R. Reservoir diagenesis and convective fluid flow[C]. In MeCdonald D. A., eds, Clasic diagenesis, AAPG Memoir, 1984, 37: 99-110.

[40] BJORLYKKE K, EGEBERG P K. Quartz cementation in sedimentary basins[J]. AAPG Bulletin, 1993, 9(9): 1538-1548.

[41] HASZELDINE R S, SAMSON I M, CORNFORD C. Quartz diagenesis and convective movement: Beatrice oilfield, UK north sea fluid[J]. Clay Minerals, 1984, 19(3): 391-402.

[42] RABINOWICZ M, DANDURAND J L, JAKUBOWSKI M, et al. Convection in a north sea oil reservoir: inferences on diagenesis and hydrocarbon migration[J]. Earth & Planetary Science Letters, 1985, 74(4): 387-404.

[43] MERINO E, GIRARD J P, MAY M T, et al. Diagenetic mineralogy, geochemistry, and dynamics of Mesozoic arkoses, Hartford rift basin, Connecticut, U. S. A[J]. Journal of Sedimentary Research, 1997, 67(1): 212-224.

[44] 曾溅辉. 东营凹陷热流体活动及其对水—岩相互作用的影响[J]. 地球科学,

2000, 25(2): 133-142.

[45] 张映红, 朱筱敏, 吴小洲, 等. 侵入岩及其外变质带岩相与储集层模型[J]. 石油勘探与开发, 2000, 27(2): 22-26.

[46] 肖尚斌, 姜在兴, 操应长, 等. 渤海湾盆地火成岩及其相关油气藏分类[J]. 特种油气藏, 1999, 21(4): 324-327.

[47] JAMES M D, ATILLA A. Surface morphology of columnar joints and its significance to mechanics and direction of joint growth[J]. Geological Society of America, 1987, 99: 605-617.

[48] Barnes S J, Coats C J A., and Naldrett A. J. 1982. Pedogenesis of a Proterozoic nickel sulphide-komatiite association: The Katiniq sill, Ungava, Quebec[J]. Economic Geology, 77: 413-429.

[49] HUBER N K, RINEHART C D. Cenozoic volcanic rocks of the Devil´s Postpile quadrangle, eastern Sierra Nevada, California: U. S[J]. Geological Survey Professional Paper. 1967, 554-D: D1-D21.

[50] Grant M Y. Origin of Enigmatic Structures: Field and Geochemical Investigation of Columnar Joints in Sandstones, Island of Bute, Scotland[J]. The Journal of geology, 2008, 116(5): 527-536.

[51] ADAMOVIC J. Thermal effects of magma emplacement and the origin of columnar jointing in host sandstones[C]. In Thomson, K., ed. LASI II: Physical Geology of Subvolcanic Systems: Laccoliths, Sills and Dykes. 2006, 11: 41 – 47.

[52] 彭晓蕾. 含油气盆地中岩浆活动对砂岩的改造—以松辽盆地及其外围中生代盆地为例[D]. 长春: 吉林大学, 2006.

[53] HEALD M T, RENTON J J. Experimental study of sandstone cementation[J]. Journal of Sedimentary Petrology, 1966, 36(4): 977-991.

[54] 徐同台, 王行信, 张有瑜, 等. 中国含油气盆地黏土矿物[M]. 北京: 石油工业出版社, 2003: 233-236.

[55] WYCHERLEY H, FLEET A, SHAW H. Some observations on the origins of large volumes of carbon dioxide accumulations in sedimentary basins[J]. Marine & Petroleum Geology, 1999, 16(6): 489-494.

[56] BAKER J C, BAI B G, HAMILTON P J. Continental-scale magmatic carbon dioxide seepage recorded by dawsonite in the Bowen-Gunnedah-Sydney Basin system, eastern australia[J]. Journal of Sedimentary Research, 1995, 65(3): 522-530.

[57] 高玉巧, 刘立. 含片钠铝石砂岩的基本特征及地质意义[J]. 地质论评, 2007, 53 (1): 104-111.

[58] 杜韫华. 一种次生的片钠铝石[J]. 地质科学, 1992, 4: 434-438.

[59] 徐衍彬, 陈平, 徐永成. 海拉尔盆地碳钠铝石分布与油气的关系[J]. 油气与天然气地质, 1994, 15(4): 322-327.

[60] 何家雄, 陈刚. 莺歌海盆地二氧化碳分布及初步预测研究[J]. 石油勘探与开发, 1998, 25(2): 20-26.

[61] DONG G, MORRISON G, JAIRETH G. Quartz textures in epithermal veins, Queensland-classification, origin, and implication[J]. Economic Geology, 1995, 90: 1841-1856.

[62] 黄善炳. 金湖凹陷阜宁组砂岩中片钠铝石特征及对物性的影响[J]. 石油勘探与开发, 1996, 23(2): 32-34.

[63] JONES M C, PERSICHETTI J M. Convective instability in packed beds with throughflow[J]. Ariche Journal, 1986, 32(9): 1555-1557.

[64] NIELD D A. Onset of convection in a porous layer saturated by an ideal gas[J]. International Journal of Heat Mass Transfer, 1982, 25: 1605-1606.

[65] BJORLYKKE K, MO A, PALM E. Modelling of thermal convection in sedimentary basins and its relevance to diagenetic reactions[J]. Marine & Petroleum Geology, 1988, 5(4): 338-351.

[66] PALM E. Rayleigh convection, mass transport, and change in porosity in layers of sandstone[J]. Journal of Geophysical Research, 1990, 95: 8675-8679.

[67] 陈荣书, 何生, 王青玲, 等. 岩浆活动对有机质成熟作用的影响初探-以冀中葛渔城一文安地区为例[J]. 石油勘探与开发, 1989, 16(1): 29-37.

[68] SUCHY V, SAFANDA J, SYKOROVA I, et al. Contact metamorphism of silurian black shales by a basalt sill: geological evidence and thermal modeling in the barrandian basin[J]. Bulletin of Geosciences, 2004, 79(3): 133-145.

[69] SAXBY J D, STEPHENSON L C. Effect of igneous intrusion on oil shale at Rundle (Australia)[J]. Chemical Geology, 1987, 63: 1-16.

[70] RAYMOND A C, MURCHISON D G. Development of organic maturation in the aureoles of sills and its relation to sediment compaction[J]. Fuel, 1988, 67: 1599-1608.

[71] 王大锐, 张映红. 渤海湾油气区火成岩外变质带储集层中碳酸盐胶结物成因研究及意义[J]. 石油勘探与开发, 2001, 27(2): 22-26.

[72] DICKSON J A D. A modified staining technique for carbonates in thin section[J]. Nature, 1965, 205-587.

[73] 黄清华, 吴怀春, 万晓樵, 等. 松辽盆地白垩系综合年代地层学研究新进展[J]. 地层学杂志, 2011, 35(3): 250-257.

[74] 赵澄林, 孟卫工. 辽河盆地火山岩与油气[M]. 北京: 石油工业出版社, 1999.

[75] 罗静兰, 邵红梅, 张成立. 火山岩油气藏研究方法与勘探技术综述[J]. 石油学报, 2003, 24(1): 31-38.

[76] 李儒峰, 陈莉琼, 李亚军, 等. 苏北盆地高邮凹陷热史恢复与成藏期判识[J]. 地学前缘, 2010, 17(4): 151-159.

[77] 陈安定. 苏北盆地第三系烃源岩排烃范围及油气运移边界[J]. 石油与天然气地质, 2006, 27(5): 630-636.

[78] 刘伟. 岩浆流体在热液矿床形成中的作用[J]. 地学前缘, 2001, 8(3): 203-214.

[79] PERRY E A, HOWER J. Burial diagenesis in Gulf coast pelitic sediment[M]: Clay and Clay mineral, v. 18. 1970.

[80] HOFFMAN J, HOWER J. Clay mineral assemblages as low grade metamorphic indicators: Application to the trust-faulted disturbed belt of Montana[J] U. S. A SEPM. 1979, 26: 55-80.

[81] LIU C, XIE Q, WANG G, et al. Reservoir Properties and Controlling Factors of Contact Metamorphic Zones of the Diabase in the Northern Slope of the Gaoyou Sag, Subei Basin, Eastern China[J]. Journal of Natural Gas Science and Engineering, 2016, 35: 392-411.

[82] CLAYTON J L, SPENCER C W, KONCZ I, et al. 1990. Origin and migration of hydrocarbon gases and carbon dioxide, Bekes Basin, southeastern Hungary[J]. Organic Geochemistry, 15(3): 233-247.

[83] 戴金星, 宋岩, 张厚福, 等. 中国天然气的聚集带[M]. 北京: 科学出版社, 1997: 182-218.

[84] 李丹, 孙健, 何娇娇. 浅层侵入体泥岩变质带储集特征及发育模式-以江苏高邮凹陷北斜坡侵入体泥岩变质带为例[J]. 世界地质, 2014, 33(1): 164-170.

[85] 李营, 唐红峰, 刘丛强, 等. 泥质岩脱水作用的高压差热实验研究[J]. 岩石学报, 2005, 7(2): 199-208.

[86] SRUOGA P, RUBINSTEIN N. Processes controlling porosity and permeability in volcanic reservoirs from the austral and neuquen basins, Argentina[J]. AAPG Bulletin, 2007, 91(1): 115-129.

[87] PHILLIPS W J. Hydraulic Fracturing and Mineralization[M]. Journal of the Geological Society (London), 1972: 337-359.

[88] 唐世斌, 唐春安, 朱万成, 等. 热应力作用下的岩石破裂过程分析[J]. 岩石力学与工程学报, 2006, 25(10): 2071-2078.

[89] 赵建生. 断裂力学及断裂物理[M]. 武汉: 华中科技大学出版社, 2003: 151-162.

[90] 王军, 崔红庄, 戴俊生, 等. 接触变质带中冷凝收缩缝裂缝参数定量研究[J]. 吉林大学学报(地球科学版), 2012, 42(1): 58-65.

[91] WELCH S A, ULLMAN W J. The effect of organic acids on plagioclase dissolution rates and stoichiometry[J]. Geochimica Cosmochimica Acta, 1993, 57(12): 2725-2736.

[92] BLAKE R E, WALTER L M. Kinetics of feldspar and quartz dissolution at 70-80℃ and near-neutral pH: effects of organic acids and NaCl[J]. Geochimica Cosmochimica Acta, 1999, 63(13-14): 2043-2059.

[93] 江夏, 周荔青. 苏北盆地富油气凹陷形成与分布特征[J]. 石油实验地质, 2010, 32(4): 319-325.

[94] SURDAM R C, BOESE S W, CROSSEY L J. The chemistry of secondary porosity[C]. In: McDonald D. A., Surdam R. C. (Eds.), Clastic Diagenesis. AAPG, Tulsa, 1985, pp. 127-149.

[95] BARTH T, BJORLYKKE K. Organic acids from source rock maturation: generation potentials, transport mechanism and relevance for mineral diagenesis[J]. Applied Geochemistry, 1993, 8: 325-337.

[96] 潘雪峰. 储层流体包裹体技术研究与应用[D]. 成都: 西南石油大学, 2013: 43.

[97] 马晓鸣. 高邮凹陷构造特征研究[D]. 北京: 中国石油大学, 2009: 19.

[98] ZEKRI A Y, SHEDID S A, ALMEHAIDEBR A. Investigation of supercritical carbon dioxide, aspheltenic crude oil, and formation brine interactions in carbonate formations[J]. Journal of Petroleum Science and Engineering, 2009, 69(1-2): 63-70.

[99] ISLAM M A. Diagenesis and reservoir quality of bhuban sandstones (neogene), Titas gas field, bengal basin, Bangladesh[J]. Asian Earth Science, 2009, 35(1): 89-100.

[100] GIAMMAR D E, BRUANT R G, PETERS C A. Forsterite dissolution and magnesite precipitation at conditions relevant for deep saline aquifer storage and sequestration of carbon dioxide[J]. Chemical Geology, 2005, 217(3-4): 257-276.

[101] ROBERT J R, TAMER K, JAMES L P. Experimental investigation of CO_2-brine rock interactions at elevated temperature and pressure: implications for CO_2 sequestration in deep-saline aquifers[J]. Fuel Processing and Technology, 2005, 86: 1581-1597.

[102] BJORLYKKE K. Relationships between depositional environments, burial history and rock properties. some principal aspects of diagenetic process in sedimentary basins[J]. Sedimentary Geology, 2013, 301(3): 1-14.

[103] LANSON B, BEAUFORT D, BERGER G, et al. Authigenic kaolin and illitic minerals during burial diagenesis of sandstones: a review[J]. Clay Mineral, 2002, 37(1): 1-22.

[104] TRENDELL A M, ATCHLEY S C, NORDT L C. Depositional and diagenetic controls on reservoir attributes within a fluvial outcrop analog: Upper Triassic Sonsela Member of the Chinle Formation, petrified forest national park, Arizona[J]. AAPG Bulletin, 2012, 96(96): 679-707.

[105] 张金亮. 高邮凹陷阜三段沉积相分析[J]. 青岛海洋大学学报(自然科学版), 2002, 32(4): 591-596.

[106] 张金亮, 刘宝珺, 毛凤鸣, 等. 苏北盆地高邮凹陷北斜坡阜宁组成岩作用及储层特征[J]. 石油学报, 2003, 24(2): 43-49.

[107] DELANEY P T, POLLARD D D, ZIONY J I, et al. Field relations between dikes and joints: emplacement processes and paleostress analysis[J]. Geophysical Research and Atmosphere, 1988, 91(B5): 4920-4938.

[108] DUFFIELD W A, BACON C R, DELANEY P T. Deformation of poorly consolidated sediment during shallow emplacement of a basalt sill, coso range, California. Bull[J]. Volcanology, 1986, 48(2): 97-107.

[109] WOOD J R, HEWETT T A. Fluid convection and mass transfer in porous sandstonesda theoretical model[J]. Geochimica Cosmochimica Acta, 1982, 46(10): 1707-1713.

[110] WOOD J R, HEWETT T A. Reservoir diagenesis and convectivefluid flow[C]. In: MeCdonald, D. A., Surdam, R. C. (Eds.), Clastic Diagenesis, vol. 37. AAPG Memoir, 1984: 99-110.

[111] BJORLYKKE K. Fluid flow processes and diagensis in sedimentarybasins[C]. In: Parnell, J. (Ed.), Geofluids: Origin, Migration and Evolution of Fluids in Sedimentary Basins. London Geological Society Special Publication, 1994, pp. 127-140.

[112] MCBRIDE E F. Quartz cement in sandstones: a review[J]. Earth-Science Review, 1989, 26(1-3): 69-112.

[113] 史丹妮, 金巍. 砂岩中自生石英的来源、运移与沉淀机制[J]. 岩相古地理, 1999, 19(6): 65-70.

[114] TINGATE P R, REZAEE M R. Origin of quartz cement in Tirrawarra sandstone, southern cooper basin, south Australia[J]. Sedimentary Research, 1997, 67(1): 168-177.

[115] 黄思静, 黄培培, 王庆东, 等. 胶结作用在深埋藏砂岩孔隙保存中的意义[J]. 岩性油气藏, 2007, 19(3): 7-13.

[116] DAVIS S H, ROSENBLAT S, WOOD J R, et al. Convective fluid flow and diagenetic patterns in domed sheets[J]. American Journal of Science, 1985, 285: 207-223.

[117] 朱占平. 鸡西盆地张新地区辉绿玢岩侵入对碎屑岩围岩的改造[D]. 长春: 吉林大学, 2009: 57-60.